松村 昌信

局部腐食
原因と対策

風詠社

序

　1986年12月、米国バージニア電力会社のサリー原子力発電所の2号炉において配管破断事故が発生した。稼働13年の、蒸気発生器への給水ポンプに取り付けられた炭素鋼製エルボに、深い減肉が広い範囲に発生した。そのためこのエルボに360°の全周破断（ギロチン破断）が起き、そこから噴出した高温の水蒸気によって4名の死者がでた。

　1996年、米国電力中央研究所（EPRI）は、この種の減肉は高温水に接する炭素鋼表面に酸化皮膜として生成したマグネタイトが高速で溶出して発生したものと考え、これに流れ加速型腐食（FAC）と名付けた。そして傘下の発電所から膨大な数のデータを収集し、それらを基に腐食速度の予測プログラムを完成させた。しかし、その予測精度はかなり低く、現場では全く役に立たなかった。

　2004年に関西電力美浜原子力発電所において上記と同様な事例が発生した。熱水配管に設けられたオリフィスの下流で、管壁がまるで紙のように薄くなり、最初に管の天井部に管軸方向の割れが走り、そこから管壁が観音開きに左右に開いて大きな破裂穴が生じた。

　現在、発電用の大型ボイラーの給水には、超純水のpHを12まで上げ、溶存酸素濃度（DO）を極限まで下げたものが用いられている。しかし、それでもなおFACの発生は抑えられず、非破壊検査に膨大な労力を費やしている。このような事態に陥った理由は、pHやDOを上げ下げするのは従来の全面均一腐食の防止対策であり、これに対してFACは局部腐食によって引き起こされているからである。

　局部腐食の発生機構は、一般によく知られている全面均一腐食のそれと大きく異なっている。この事実を知らないと、腐食減肉が何時、どこに発生するか予測できないし、腐食事故が起きてしまった場合に、適切な再発防止策を立てることが出来ない。

　本書では「局部腐食はなぜ起きるのか」をテーマに掲げて局部腐食の発生機構を追究し、明らかにされた発生機構に基づいて再発防止策を提案する。

目　次

第1章　絵で見る金属の腐食 ……… 5
　　1　共通の基礎事項
　　2　全面均一腐食
　　3　局部腐食
　　4　腐食の速さを決定する因子
　　5　面積比効果

第2章　静止水中の局部腐食 ……… 24
　　1　局部腐食の進展速さ
　　2　水線腐食
　　3　異種金属接触腐食
　　4　すき間腐食

第3章　流動水中の局部腐食 ……… 40
　　1　用語とその定義
　　2　エロージョン・コロージョンの特徴
　　3　銅合金に発生するエロージョン・コロージョンの観察
　　4　腐食機構を解く四つの鍵
　　5　エロージョン・コロージョンの発生機構

第4章　温度の影響を受ける局部腐食 ……… 60
　　1　流れ加速型腐食(FAC)の事例と特徴
　　2　一般の金属における局部腐食の発生機構
　　3　炭素鋼の腐食に対する流れの影響
　　4　炭素鋼の腐食に対する温度の影響
　　5　温度条件と流動条件の重量
　　6　FACに対するpHの影響

第5章　金属の腐食と電磁気学 ……… 82
　　1　理解し難い腐食に関する専門用語
　　2　平衡電位と電場
　　3　電場の平衡電位への影響
　　4　電場が引き起こす局部腐食

第6章　局部腐食の再発防止法 ……… 103
　　1　格差排除防食法の正当性
　　2　格差排除防食法に基づく局部腐食の再発防止策

第1章　絵で見る金属の腐食

はじめに

　金属の腐食プロセスをモデル図やグラフに表してみると、全面均一腐食と局部腐食とでは異なった因子が腐食の速さを決定していることが分かる。従って、数ある全面均一腐食防止法の全てが局部腐食の防止法として有効であるとは限らない。

1　共通の基礎事項

1.1　金属の酸化還元可逆反応

　金属の腐食では、金属を構成する原子が自由電子を失ってイオンとなる。この電気化学反応は酸化反応と呼ばれる。鉄金属の酸化反応を電気化学反応式に表すと式(1-1)のようになる。

$$Fe \leftrightarrows Fe^{2+} + 2e^{-} \qquad (1\text{-}1)$$

　上式の電気化学反応は、酸化とは逆の方向、すなわちイオンが電子を獲得して金属原子へ戻る方向へも進むことが出来る。そのため、上式は酸化還元可逆反応と呼ばれる。可逆反応を酸化方向へ進めるのは、次項で表される金属中の自由電子の自由エネルギであり、これは「電気的ポテンシャル」と呼ばれる。その指標は電位である。

$$nFE \qquad\qquad [eV]$$

ただし、n はイオンの価数 [-]、F はファラデー定数 [C/eq]、E は電位 [V] である。これに対して逆の方向、すなわち式 (1-1) の可逆反応を還元方向へ推進するのは、次項で与えられるイオンの自由エネルギである。これは「化学ポテンシャル」と呼ばれている。

$$\mu^0 + RT\ln[M] \quad\quad [J]$$

ただし、μ^0 は基準濃度におけるイオンの 1 モル当たりの自由エネルギ、R はガス定数 8.31 J/(mol·K)、T は絶対温度 [K]、$[M]$ は [mol/kg] で表したイオンの濃度(厳密にはイオンの活量)である。

1.2 平衡電位

　酸化還元可逆反応において、酸化方向と還元方向の反応速さが等しいときには、反応がどちらの方向へも進行せず見かけ上は停止しているように見える。これが平衡状態である。このとき、反応をそれぞれの方向へ推し進める自由エネルギは等しいので次式(ネルンストの式)が成立する。

$$nFE_0 = \mu^0 + RT\ln[M] \quad\quad (1\text{-}2)$$

ただし、E_0 の添え字の 0 は平衡を表す。イオンの濃度が 1 mol/kg の標準状態において、上式は

$$nFE_0^0 = \mu^0$$

となる。ここで E_0^0 は標準平衡電位であり(標準電極電位と呼ぶ場合もある)、その高低はいわゆる金属のイオン化傾向序列である。

1.3 分極線

第1章　絵で見る金属の腐食

　図1-1は、式（1-1）で表された鉄金属の酸化還元可逆反応をエバンスダイアグラムに表したものである。このダイアグラムの縦軸は金属の電位 E [V]である。

　この軸上の平衡電位 E_0 より高い電位ではこの金属の酸化反応が、それより低い電位では還元反応が起きていて、E_0 が電位軸のゼロ点であることを示している。

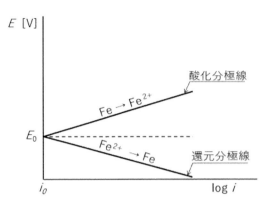

図 1-1　鉄金属の酸化還元可逆反応のエバンスダイアグラム

　横軸の i [A]は、[mol/sec] の次元を持つ式（1-1）の反応の速さ（あるいは率、英語の rate に対応）を、イオンの価数とファラデー定数を用いて電流へ換算したものである。電流の次元であるアンペア [A]が用いられているが、実際の電流のように自由電子（e^-）が金属中を移動しているわけではない。そこで、以後はこれを「反応性電流」と呼ぶ。前節で述べたように、平衡状態では酸化方向と還元方向の反応速さが等しい。これをエバンスダイアグラムに表すと、横軸上の原点 i_0 [A]となる。これは交換電流と呼ばれるが、これも平衡における酸化還元反応速度を電流へ換算したものである。

　反応の速さ [mol/sec]を 反応性電流 [A]へ変換する理由は、反応の速さを金属原子の種類やイオンの価数に関係なく、共

7

通の尺度で表すためである。また、反応の速さの対数をとるのは、電位との関係が直線になるからである。

電位と反応性電流の対数の関係は、分極線と呼ばれる直線となる。分極線の勾配は反応の抵抗を表すが、その本質は反応速度定数の逆数であって、オーム[Ω]で表される電気抵抗ではない。むしろ重要なことは、勾配の逆数が反応の進み易さに対応していることである。このように分極線は、その切片も勾配も、反応の進み易さに関係している重要な特性値である。

1.4　酸素の酸化還元反応と分極線

次の式(1-3)は、酸素の酸化還元可逆反応式である。溶存酸素(O_2)は金属の自由電子(e^-)を得て、水酸化物イオン(OH^-)へと還元される。このとき水(H_2O)は、酸化も還元もされず、発生した酸素イオン(O^{2-})の水和に費やされる。

$$(1/2)O_2 + H_2O + 2e^- \leftrightarrows 2OH^- \tag{1-3}$$

これをエバンスダイアグラムに表すと、図1-2のようになる。この図の縦軸は、図1-1のそれと共通である。これは、式(1-3)の自由電子が鉄金属に所属しているからである。一方、

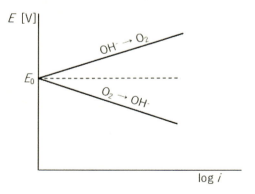

図 1-2　酸素の酸化還元可逆反応のエバンスダイアグラム

鉄金属のエバンスダイアグラムと異なる点は、平衡電位が高いことである。それを具体的に言えば鉄金属の標準平衡電位は -0.440 V、酸素のそれは +1.229 V である。交換電流にも多少の格差があるが簡略化のために無視できる程度である。

1.5 腐食プロセスを表すエバンスダイアグラム

鉄金属の酸化分極線（図 1-1）と酸素の還元分極線（図 1-2）を組み合わせると、図 1-3 のような、鉄金属の腐食を表すエバンスダイアグラムになる（平衡電位 E_0 に付された添え字の O、F は酸素および鉄金属を表す）。この図の重要なポイントは、鉄金属の酸化分極線と酸素の還元分極線との交点にある。それは、この交点の座標位置が腐食電位 E_{Corr} [V] と腐食電流 i_{Corr} [A] を与えるからである。

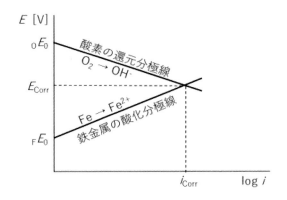

図 1-3　鉄の酸化反応と酸素の還元反応からなる腐食プロセスのエバンスダイアグラム

この一つの交点は、腐食している金属の電位は一つであること、言い換えれば『金属の電位はどの場所でも同じである』ことを示している。

また、この一つの交点は、腐食している金属の腐食電流、すなわち腐食速さが一つであること、言い換えれば腐食速さはどの場所でも同じであることを意味している。この点で、このダイアグラムは全面均一腐食のダイアグラムである。
　最も重要なポイントとして、この交点は腐食している金属では酸化反応の速さと還元反応速さが等しいこと（酸化反応速さ＝還元反応速さ）、言い換えれば、自由電子の収支に関する保存則が成立していることを示している。保存則は、腐食に限らず全ての電気化学プロセスにおいて成立していなければならない熱力学の第一法則である。

2　全面均一腐食

2.1　腐食プロセスのイメージ図
　図1-4左は、水中の金属片と酸素のイメージである。水中に溶解している酸素分子が小さな塊となり、拡散によって金属表面へ到達している。酸素塊が金属表面に接触する場所で、酸素と金属との間で電気化学反応が起きる。金属原子は電子を放出して金属イオンとなり、金属の結晶格子から離れる。酸素分子はその電子を受け取り、水酸化物イオンとなる。酸素塊中の酸素分子がすべてイオンへ変わると、その場所における電気化学反応は完了するが、別の場所で同じような電子の授受が起きる。水中の酸素塊は均一に分布しているので、酸素塊が到達する頻度は、金属表面上のどの場所においても同一である。

2.2　腐食プロセスのモデル
　図1-4右は、上記の空間的および時間的プロセスを一つの静止画にまとめたモデル図である。白抜きの四角は還元される酸素塊を、灰色の四角は溶出金属を象徴し、その厚さは還元反応や酸化反応の速さを表す。これらは、本来は [mol/sec]

の次元を持つが、相互に定量的に比較するために、そのイオンの価数とファラデー定数を用いて電流の次元であるアンペア[A]の次元へ換えてある。

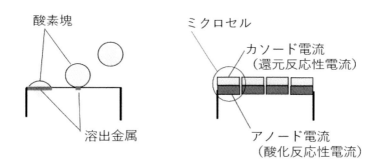

図 1-4　酸素塊のイメージ(左)と全面均一腐食のモデル(ミクロセルモデル)(右)

　これらの電流は、その発生由来に基づけば、還元反応性電流および酸化反応性電流と呼ぶべきかもしれない。しかし、次節で説明するように、腐食の過程(プロセス)にはカソードプロセスとアノードプロセスが並列に存在し、それぞれのプロセスには電気化学反応以外の段階(ステップ)が含まれている。そして、それらが直列(シリーズ)に連結されていて同じ速さで進行しているので、それらを全て包含して、各々アノード電流、カソード電流と呼ぶ。
　全面均一腐食のモデル図において、白と黒の四角(カソード電流とアノード電流)から構成される対が金属の表面に多数並んでいることは、一つ一つの対が小さいことを示している。そこでこれらの一対をミクロセルと呼び、多数のミクロセルから構成されるモデルをミクロセルモデルと呼ぶ。

また、いま考えている金属表面には、このミクロセルしか存在しないので、金属の溶出の速さは何所でも同一（均一）である。それ故に、ミクロセルモデルは全面均一腐食のモデルである。

2.3　カソードプロセスにおける抵抗

　腐食の過程（プロセス）には、カソードプロセスとアノードプロセスが並列に存在し、それらは同じ速さ（率）で進展している。どちらのプロセスも複数のステップ（段階）から構成されていて、その中で最も速さの遅いステップの速さが、そのプロセスの進展速さとなる。カソードプロセスにおけるこの規制は、先の図 1-4 左のイメージ図を用いて次のように説明される。

　酸素の還元反応は金属表面で起きているので、その反応の速さがいかに速くても、酸素が金属表面に接触しなければ反応は進まない。逆に、酸素塊が金属表面に到達すれば直ちに反応が進行する。従って、カソード電流は酸素塊が金属表面へ到達する速さに依存し、電位には依存しない。

　上記の状態をエバンスダイアグラムに表すと、図 1-5 のようになる。カソード電流は、小さい間は電位に依存して増大するが、ある電流値に達すると、それ以上は増大しなくなる。このとき、カソード分極線は電位軸と平行になり、その勾配は無限小である。このときのカソードプロセスの進展速さ、すなわちカソード電流は「酸素拡散限界電流 i_L」と呼ばれる。

　このエバンスダイアグラムによると、腐食電位はアノード分極線とカソード分極線の交点（図の黒丸印）の電位 E_{Corr} である。また、腐食電流は、この交点の電流 i_{Corr}（既出の図 1-3）であり、ここでは酸素拡散限界電流 i_L である。この状態では、図 1-5 の実線と破線で示されているように、アノードプロセスの抵抗（分極線の勾配）が変わると、腐食電位は E_{Corr1}（●）から E_{Corr2}（○）へ移動する。

これとは対照的に、腐食の速さは、酸素拡散限界電流 i_L のままで変わらない。つまり腐食の進展速さを最終的に決めているのはカソードプロセスの方なのである。

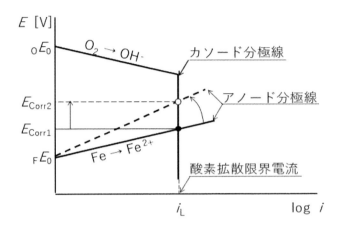

図 1-5　酸素拡散限界電流を伴う全面均一腐食のエバンスダイアグラム

3　局部腐食

3.1　局部腐食プロセスのモデル

図 1-6 は局部腐食プロセスのモデル（マクロセルモデル）である。マクロセルはマクロアノードセルとマクロカソードセルから構成されている。両者はどちらも多数のミクロセルから構成されている。

しかし、どちらのマクロセルにおいても保存則は成立していない。つまり、それぞれのミクロセルのアノード電流やカソード電流を表す四角の厚さを見ると、マクロアノードセル

13

ではアノード電流の方が、マクロカソードセルではカソード電流の方が大きい。このように、アノード電流がより大きいことがマクロアノードの名前の由来である。同様に、カソード電流がより大きいことがマクロカソードの名前の由来である。

さらに、どちらのマクロセル内においても保存則が成立していないという局部腐食モデルの特徴は、それぞれのセル全体のアノード電流（上向き）およびカソード電流（下向）を表す矢印の幅が異なっていることによって表現されている。

そして、二つのアノード電流の矢印の幅を合わせると、二つのカソード電流の矢印の幅を合わせたものに等しくなる。これは、マクロカソードからマクロアノードへ向かってマクロセル電流が流れているからである。このように、局部腐食においても金属表面全体では保存則（全アノード電流＝全カソード電流）が成立している。

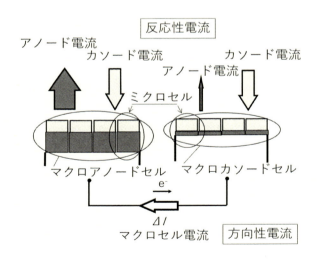

図 1-6　局部腐食のモデル（マクロセルモデル）

ここで注意すべきは、アノード電流やカソード電流は、**1.3**で述べたように、酸化還元反応の速さを金属の種類やイオンの価数に関係なく共通の尺度で表すために電流の次元で表された反応性電流であり、実際の電流のように金属内（バルク）を自由電子 (e-) が一定の方向に移動しているわけではない。

　これに対して、マクロセル電流は、金属中を移動する自由電子の流れであり、実際に電流計によって測定できる電流である。この電流は電位の高い場所から低い場所に向かって流れるので「方向性電流」と呼ぶ。

　そのほか、このマクロセルモデルの重要な特徴は、金属表面にマクロアノードセルとマクロカソードセルの一対しか考えていないこと、図には表されていないが、両者が互いに接していることである。そのため、マクロセル電流、すなわち自由電子は、マクロセルの外、すなわち金属の外へ出ることはない。

3.2　局部腐食プロセスのエバンスダイアグラム

　図 1-7 は局部腐食のエバンスダイアグラムである。図中の1本のカソード分極線は途中で折れ曲がっていて、カソード電流は **2.3** で説明した酸素拡散限界電流 i_L より大きくならない。

　一方、アノード分極線は2本あり、低電位側のそれをマクロアノードセル側アノード分極線、高電位側のそれをマクロカソードセル側アノード分極線と呼ぶ。

　これらの二つのアノード分極線のプロセスが二つの別々の金属表面で進行するときは、それぞれの腐食の速さは同じであるが、腐食電位が異なる。これに対して、二つのアノード分極線のプロセスが一つの同じ金属表面で同時に進行するときの腐食電位は、**1.5** で述べたように『一つの金属の電位はどの場所でも同じである』という理由で、これらの電位

の中間のどこかに位置する、一つの電位 $_LE_{Corr}$ となる。すると、それに伴ってアノード電流も変化する。つまり、マクロアノードセルのアノード電流は i_L から ΔI だけ増加して $_Ai_a$ へ、マクロカソードセルのアノード電流は同じ分量だけ減少して $_Ci_a$ へ移る。

このように、アノード電流の増減分が等しく ΔI になる理由は、二つの全面均一腐食の場合に成立していた保存則が、局部腐食の場合でも成立していることに拠る。これを逆に言えば、局部腐食の腐食電位は、二つの場所における腐食速さの増減分が等しくなるような電位である。

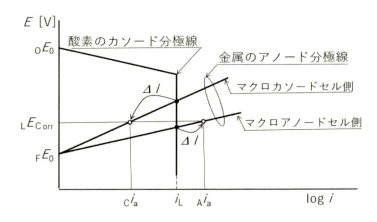

図 1-7 局部腐食のエバンスダイアグラム

注目すべきは、この ΔI こそ、図 1-6 においてマクロカソードセルからマクロアノードセルに向かって流れているマクロセル電流（方向性電流）に対応していることである。このとき、二つのマクロセルは同電位にあるので、同電位にある金属の中を方向性電流が流れるのは矛盾しているように見えるが、この点については第 5 章で詳しく説明する。

3.3　アノードプロセスにおける抵抗

　先に示した図 1-4 のイメージ図が表しているのは、腐食プロセスの内で金属原子と酸素分子が接触して酸化と還元の電気化学反応が起きるステップまでである。

　これに続く次のステップでは、その反応によって金属の結晶格子から離れた金属イオンが、水酸化物イオン(OH^-)と反応して水酸化物となる。水酸化物は沖合へ流れ去るか、あるいはさらに酸化されて高次の酸化物となって金属表面に堆積する。堆積した酸化物は、新たに溶出してくる金属イオンが沖合へ拡散するときに障害となる。これはアノードプロセスの抵抗となる。この抵抗の増大は、アノード分極線の勾配の増大として現れる。

　鉄金属の場合、低次の酸化物である水酸化鉄（$Fe(OH)_2$, 2 価）は、酸素が豊富に存在すれば（溶存酸素濃度が高ければ）、より高次の酸化物である四酸化三鉄（Fe_3O_4, 8/3 価）へ、さらに高次の三酸化二鉄（Fe_2O_3, 3 価）へ酸化される。

　このとき酸化物は酸化数の高いものほど安定で緻密である。特に 3 価の Fe_2O_3 は、ステンレス鋼などの不動態皮膜を構成する酸化物である。これが鉄金属表面を覆うと、アノード分極線は勾配が無限大で電位軸に平行な直線となり、アノード電流は実質的にゼロとなる。

4　腐食の速さを決定する因子

4.1　全面均一腐食の速さ

　腐食の速さ（あるいは腐食の進展速さ）とは、前出図 1-3 の腐食プロセスのエバンスダイアグラムに示した腐食電流 i_{Corr} [A] のことであるが、全面均一腐食では図 1-5 に示したように、酸素拡散限界電流 i_L となる。これは、全面均一腐食では

酸素の拡散移動 ⇒ 酸化・還元反応によるイオンの発生 ⇒
イオンの拡散移動

のように各段階（ステップ）が直列につながっているので、その進展速さは、最も遅いステップの速さとなるからである。つまり、次式が成立する。

$$i_{Corr} = i_L$$

4.2 局部腐食の進展速さ

　局部腐食では、そのエバンスダイアグラム（前出図 1-7）に示したように、全面均一腐食の進展速さ i_{Corr} に対応するのは、マクロカソードセル側アノード電流 $_Ci_a$ とマクロアノードセル側アノード電流 $_Ai_a$ の二つがある。つまり、金属イオンの発生場所が二つあり、言わば並列になっている。

　この状態では、保存則によって次式が成立し、

$$_Ci_a + {_Ai_a} = 2i_L$$

大きい方の進展速さの $_Ai_a$ は、最大で酸素拡散限界電流 i_L の2倍まで大きくなる。

　このとき、図 1-6 ではマクロカソードセルのアノード電流を表す矢印の幅が線のように細くなり、マクロセル電流の幅がカソード電流の幅と等しくなり、マクロアノードセルのアノード電流の幅がカソード電流の幅の2倍になる*。

　この $_Ai_a$ に最も強く影響を与えるのは、エバンスダイアグラム（図 1-7）から分かるように、マクロアノードセル側のアノード分極線の勾配である。腐食電位 $_LE_{Corr}$ が一定の下では、その勾配が小さいほどアノード電流 $_Ai_a$ は大きくなる。

一方、マクロカソードセル側については、そのアノード分極線の勾配が大きくなるほど $_{C}i_a$ は小さくなる。どちらの場合もマクロセル電流 ΔI を大きくする。

　結局、マクロアノードセルのアノード分極線の勾配と、マクロカソードセルのアノード分極線の勾配との間の格差が大きいほど $_{A}i_a$ は大きくなる。端的に言えば、アノード分極線の勾配の格差が局部腐食の進展速さを決める。ただし、局部腐食の進展速さとは、マクロアノードセルのアノード電流（図1-6）であり、エバンスダイアグラム（図1-7）の $_{A}i_a$ のことである。以後この速さのことを「アノード溶出速さ」と呼ぶ。

　最後に、腐食の進展速さの次元について考えると、全面均一腐食でも局部腐食でも、その速さの次元は [mol/sec] である。しかし、現場で用いられている腐食の進展速さの次元は [mm/y] である。この次元で表すと、局部腐食の進展速さは次節で述べるように、マクロアノードセルの広さにも依存する。

5　面積比効果

5.1　腐食速さと腐食速度

　先に1.3で述べたように、エバンスダイアグラムの横軸の電流 i [A]は、[mol/sec] の次元を持つ酸化還元反応の速さを、イオンの価数とファラデー定数を用いて電流の次元へ換算したものである。この次元の腐食速さは腐食の量的な速さ（率、rate）を表し、年平均の体積損失速さ [m³/y] や質量減少速さ [kg/y] に対応する。

　次に、この量的速さの電流 [A] を、腐食する金属の表面積 [mm²] で割ると、電流密度 [A/mm²] となる。これと同様に、体積損失速さ [m³/y] を腐食面積で割ると、減肉速さ [mm/y]

が得られる。これらの尺度は、腐食の厳しさ、あるいは強度(intensity)を表す。

　これら異なる次元の尺度を比較すると、「減肉速度」は「体積損失速さ」に比べて、より具体的であり、定量的である。例えば、現場に設置されている配管系の寿命を決めるのは、図 1-8 に示すように、管壁の肉厚 [mm] と腐食穴の進展速度、すなわち減肉速度 [mm/y] である。管壁の肉厚を減肉速度で割れば、腐食穴が管壁を貫通する時間、すなわち配管系の寿命が具体的な数値（年数）で得られる。ただし、腐食穴が管壁を貫通すれば、他の場所が健全であってもその配管系は使用不可となるので、その時点をもって寿命とする。一方、体積損失速さは、腐食が引き起こす被害の大きさについて、「軽微」や「重大」などの定性的な評価しか出来ない。

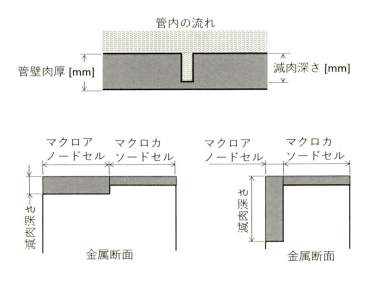

図 1-8　セルの表面積比に依存する減肉深さ

5.2　カソードセル面積とアノードセル面積

先に示した図1-6のモデル図において、それぞれのマクロセル内で横に並んでいる灰色の四角の厚さは、アノード電流の大きさを表しているが、これらは、ある一定時間内に金属表面からイオンとなって溶出する金属の量でもある。

それらを一つの金属の断面図に表すと、マクロアノードセルとマクロカソードセルの表面積が同じである場合は図1-8下左のようになるが、マクロアノードセルの表面積が小さい場合は、同図下右のようになる。つまり、アノード電流［A］あるいは腐食の進展速さ［mol/sec］が同じでも、マクロアノードセルの表面積を小さくすると減肉速度が高くなる。あるいは減肉深さが深くなる。

別の表現として、マクロアノードセル面積をそのままにしてマクロカソードセルの面積を大きくすると、その中のミクロセルの数が増加する。するとマクロセル電流が増大し、その結果、アノード電流が増大する。これはマクロカソードセル面積に対するマクロアノードセル面積の比、または金属表面に占めるマクロアノードセル面積の割合によって減肉深さが変わることを意味している。

上記のように、アノード溶出表面が一つしかない全面均一腐食モデル（図1-4）には出来ないが、二つのアノード溶出表面（セルの表面）がある局部腐食モデルは、腐食の強度を表す減肉速度や、それに対する表面積の効果に携わることが出来る。これは、局部腐食モデルの最も重要な特長である。そこで、以後はこれを「面積比効果」と呼ぶことにする。

まとめ

本章では、腐食のモデル図とエバンスダイアグラムを用いて、全面均一腐食と局部腐食を比較した。全面均一腐食のエバンスダイアグラムは、それぞれ1本のカソード分極線とア

ノード分極線から構成されていて、その勾配（プロセスの抵抗）が大きい方が腐食速さを決める。これに対して、局部腐食のエバンスダイアグラムには 1 本のカソード分極線と 2 本のアノード分極線があり、アノード分極線の勾配（アノードプロセスの抵抗）の格差が腐食速さを決める。

　モデル図について比較すると、全面均一腐食モデル（ミクロセルモデル）と局部腐食モデル（マクロセルモデル）との間の最も重要な相違点は、実質的に腐食しない金属表面が考慮されているか否か、である。

　ミクロセルモデルでは金属の面積が考慮されていないので、腐食被害の大きさを表す尺度の次元は [mol/sec] や [kg/y] などである。これらの尺度では、腐食が引き起こす被害の大きさについて「軽微」や「重大」などの定性的な評価しか出来ない。一方、マクロセルモデルでは、実質的に腐食しない表面と腐食する表面の両方が考慮されているので、腐食の強度を表す尺度である減肉速度 [mm/y] を用いて、定量的に腐食被害を評価することができる。

付記

　腐食しない金属表面が考慮されていないという全面均一腐食モデル（ミクロセルモデル）の欠点は、バージン表面（処女面）に囲まれた均一腐食の領域を想定しても解消することは出来ない。何故なら、バージン面は、熱力学において事象を取り扱う、いわゆる「場」の外と看做されるので、結局、このモデルも全面均一腐食のモデルと同じことになる。また、バージン面の腐食を考慮に入れると、それは局部腐食のマクロセルモデルと同じになる。

　一方、局部腐食モデル（マクロセルモデル）については、マクロアノードとマクロカソードの一対だけで十分かとい

う心配がある。この点については、次章以降において種々の局部腐食の発生機構が明らかにされることによって、このモデルの信頼性が裏付けられる。

設問 1.1

金属は、同じ環境（溶存酸素濃度、イオン濃度、pH等）でも水中より土壌中の方が腐食し易いのは何故か？

設問 1.2

局部腐食の速さを表す次式

$$_C i_a + {_A}i_a = 2 i_L$$

において $_A i_a$ が最大になったときのエバンスダイアグラムを描け。

第2章　静止水中の局部腐食

はじめに

　静止水中で発生する局部腐食の事例を図 2-1 に示す。この図の左上に示された下水管内にある気液界面は、通常ほとんど動かないが、そのような界面の液相側の管内壁表面上に、細い溝状の腐食減肉が発生することがある（水線腐食）。

　同図の右上に示した例のように、鉄と亜鉛などのようにイオン化傾向序列に格差のある異種の金属が接触すると、その界面に沿って卑な金属（ここでは亜鉛）の表面に腐食溝が発生する（異種金属接触腐、あるいはガルバニック腐食）。

　また、同種の金属板であっても、同図右下のように、狭い隙間が形成されると、この隙間の入り口付近に腐食減肉が発生する（すき間腐食）。

　これらの局部腐食に共通する特徴は、腐食減肉が境界に沿って溝状に発生すること、しかもその減肉の進展速度が高いことである。この特徴は、腐食の被害が狭い範囲（溝）に限られ、金属表面の大部分が無傷であるように見えるので、重大と受け止められることはないかも知れない。しかし、配管系の寿命が腐食孔の貫通によって決まることを考えれば、金属壁の厚さ方向に進展する腐食は、広さ方向に進展する腐食よりはるかに危険である。

　また、上で述べたように、鉄と亜鉛が静止水中で接触すると、両金属の接触線に沿って、卑な金属である亜鉛側に溝状の減肉が発生する。貴な金属の鉄側に腐食減肉が発生しないのは、流電陽極防食法（犠牲陽極防食法）の目的であるので、全く問題はない。しかし、犠牲陽極の役割をする亜鉛金属の

表面に細い溝状の減肉が発生することは、全表面が一様に消耗されないことであり、見方を変えれば役に立たない部分があることになるので、経済的には不都合である。

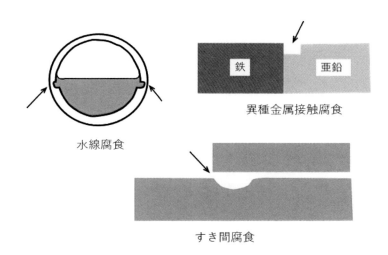

図 2-1　静止水中で発生する局部腐食

　このように案外危険なこの種の局部腐食に対処するには、先ずその発生機構を知る必要がある。そこで第1章で述べた局部腐食のモデルとエバンスダイアグラムから、腐食溝を発生させる因子を洗い出す。そして、つぎにこれらの腐食溝の減肉速度が高い理由を考える。

1　局部腐食の進展速さ

1.1　局部腐食のモデル
　図 2-2 に示した局部腐食のモデル（マクロセルモデル）では、左側のマクロアノードセルが減肉の発生する場所（腐食溝）

に、右側のマクロカソードセルが腐食溝に隣接する減肉の少ない場所に対応する。どちらのマクロセルも小さなミクロセルで埋め尽くされている。

ミクロセルは、上下に重なった四角で表されている。上側の白抜きの四角はカソードプロセスを表している。カソードプロセスでは、溶存酸素が拡散によって金属表面に到達する段階（ステップ）や、それに続く酸素と金属の電気化学的反応である還元反応によって生成したOH^-イオンが、拡散によって散逸するステップなどが直列に連結されている。

その下側の灰色の四角は、アノードプロセスを表している。アノードプロセスでは、金属が溶存酸素と反応し、酸化されてイオンとなるステップや、そのイオンが化合物となって堆積するステップなどが直列に連結されている。

これらの四角の厚さは、それぞれのステップの進展速さを表すが、上記のそれぞれのステップは直列に連結されているので、それぞれのプロセスで同一である。

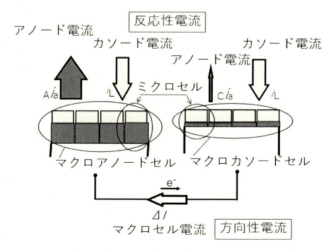

図 2-2　局部腐食のモデル（マクロセルモデル）

第2章　静止水中の局部腐食

　また、それぞれのステップの進展速さの次元は、電流のアンペア[A]である。これは、これらの量的な速さを共通の尺度で比較するためである。

　それぞれのマクロセルについては、上向きの矢印でそのセル全体のアノードプロセスの進展速さ（アノード電流）を、また、下向きの矢印で、そのセル全体のカソードプロセスの進展速さ（カソード電流）を表している。注目すべきは、下向の矢印（i_L）の幅がアノードセルとカソードセルで同じになっている点である。

　これらの矢印の脇に付されている記号は、次項に示すエバンスダイアグラム（図 2-3）との関連を表している。

1.2　局部腐食のエバンスダイアグラム

　エバンスダイアグラムは、腐食に関する二つのパラメータの間の関係を分極線で表している。一つは各プロセスの進展速さであり、他の一つは電位である。後者は金属の自由電子が持つ自由エネルギであり、金属の腐食における酸化還元反応の駆動力である。局部腐食においては、マクロアノードセルおよびマクロアノードセルのそれぞれについてエバンスダイアグラムを描くことができる。図 2-3 は、それら二つのエバンスダイアグラムを重ねたものである。

　この局部腐食のエバンス図にはカソード分極線が一本しか存在しないように見えるが、これは、それぞれのエバンス図のカソード分極線が同じであるためである。このことは、図 2-2 で二つの下向の白い矢印の幅が等しいことに対応している。

　一方、アノード分極線については、マクロカソードセルとマクロアノードセルで相違しているので、2 本存在する。そのため、アノードプロセスの進展速さを表すアノード電流 i_a は、$_Ai_a$ と $_Ci_a$ の大小二つがある。これは図 2-2 で上向きの黒い矢印の横幅が大小に異なっていることに対応している。

以上の腐食モデルとエバンスダイアグラムとの対比を要約すれば、局部腐食とは、『一つの金属表面上においてアノード電流 i_a が異なること』である。逆に言えば、『アノード電流に格差があれば局部腐食が発生する』となる。

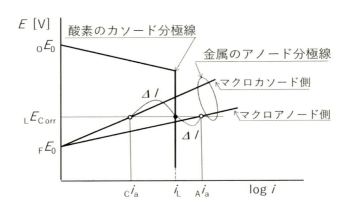

図 2-3　局部腐食のエバンスダイアグラム

1.3　局部腐食における減肉速度

　アノード電流 i_a の次元はアンペア［A＝C/sec］である（Cはクーロン）。これをイオンの価数 n ［-］とファラデー定数 F［C/mol］で割れば［mol/sec］の次元になる。それにモル容積を掛ければ、体積減少速さ［mm³/sec］が得られる。

　この体積減少速さをマクロアノードセルの面積［mm²］で割れば、減肉速度［mm/sec］が求まる。結局、マクロアノードセルのアノード溶出速さが一定の下では、マクロアノードセルの面積（ここでは溝の幅）が狭いほど減肉速度は高くなる。これは、「面積比効果」と呼ばれる。

　ところで、上記の減肉速度は、アノード溶出速さをアノードセルの面積で割って得られたが、このセルの表面は金属表面と平行である。従って、減肉の進展方向は金属の深さ方向

である。このことは、腐食溝が横に拡大するのではなく、定まった場所で深さ方向へ深くなることを意味している。このことはまた、図 2-2 のマクロセルモデルでは、それぞれのセルの大きさは最初に定まったままで変化しないことを意味している。

2　水線腐食

2.1　古典的な機構説明

先に図 2-1 の左上に示した下水管の気液界面などに発生する水線腐食について検討する。これまで水線腐食は酸素濃淡電池腐食であると説明されてきた。つまり、図 2-4 に示すメニスカスの直ぐ横の金属表面は大気に近いので酸素が豊富である。そのため酸素の還元反応が起きるカソードになる。そこより深い場所では、溶存酸素が希薄であるので金属の溶出が起きるアノードになり、そこに減肉が発生する、と考えられてきた。

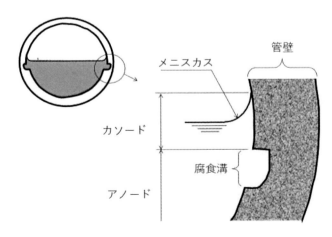

図 2-4　下水管の気液界面に沿って発生した水線腐食

この機構説明では、メニスカス付近で減肉が発生しない理由（カソードだから）、その下側に減肉が発生する理由（アノードだから）が述べられている。しかし、腐食溝の下端よりさらに深い場所で減肉が発生しない理由が説明されていない。従って、これらは腐食溝の発生機構の説明としては不十分である。

2.2　マクロセルモデルによる腐食溝の発生機構説明

　メニスカスに隣接する管壁面上では、溶存酸素濃度が高いので（その理由については後に詳しく説明する）、この場所に発生する腐食生成物は緻密であり（このことについても後に詳しく説明）、鉄イオンが散逸する際に障害となる。そのため、この場所のアノード分極線の勾配は大きい。

　一方、メニスカスや水線から離れた深い場所の管壁面では、溶存酸素濃度が低いので発生する腐食生成物は粗雑であり、鉄イオンが散逸する際にあまり抵抗とならない。そのため、この場所のアノード分極線の勾配は小さい。これをエバンスダイアグラムに表すと、図2-5のようになる。

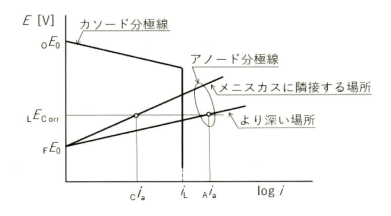

図 2-5　水線付近に発生するマクロセル腐食のエバンスダイアグラム

このエバンスダイアグラムは、図 2-3 の局部腐食のエバンスダイアグラムと一致している。従って、気液界面の周辺には図 2-2 に示されたモデル通りのマクロセルが形成される。すなわちメニスカス付近がマクロカソードに、それより深い場所がマクロアノードになる。

しかし、この説明では、腐食溝の下端よりさらに深い場所で減肉が発生しない理由が説明されていない。この点で、この説明は先の古典的な機構説明と同じであり、やはり腐食溝が発生する理由を説明できていない。

このことは、水線腐食の機構説明には、全面均一腐食（ミクロセル腐食）とか局部腐食（マクロセル腐食）とかの腐食機構モデルばかりではなく、腐食が発生した後のイオンの挙動が関与していることを示唆している。

2.3　イオンの拡散移動による腐食溝の発生機構説明

先に示した図 2-2 のマクロセルモデルでは、二つのセルが接していて、その境界線は動かない。また、減肉は深さ方向のみに進展する。一方、それぞれのマクロセルの表面で発生したイオンは、金属表面上を拡散によって 3 次元方向に移動する。これらの条件下で、イオンの金属表面に平行な 2 次元方向の移動に着目すると、腐食溝は図 2-6 に示す次のようなステップで発生すると説明できる。

(1) 図 2-2 のマクロセル腐食モデルを見ると、メニスカスに隣接するマクロカソードセルでは、水酸化物イオン(OH^-)の発生速さ、すなわちカソード電流 i_L が鉄イオン(Fe^{2+})の発生速さ、すなわちアノード電流 $_Ci_a$ より大きい。従って、両者が反応して水酸化鉄として沈殿した後は水酸化物イオンが残る。一方、それより深い場所に隣接するマクロアノードセルでは、アノード電流 $_Ai_a$ がカソード電流 i_L より大きいので、その表面には鉄イオンが残る（図 2-6 (I)）。

(2) 水酸化物イオンは、鉄イオンに比べて小さくて軽いので、拡散によってマクロアノード側へ移動し、鉄イオンと接触する（同 (II)）。

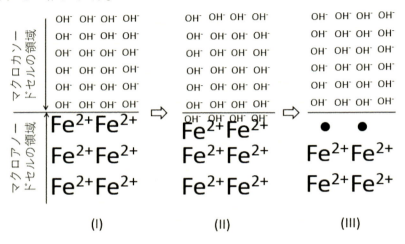

図 2-6　マクロセルの境界付近で起きる OHイオンの拡散と反応

(3) 両者は反応して水酸化鉄となり、析出する。その結果、その場所の鉄イオンの濃度は、より深い場所のそれに比べて低くなる（同 (III)）。

(4) 平衡電位 E_0 は、前章で示した次式（式(1-2)）が示すように、イオン濃度 $[M]$ の関数であるので、鉄イオン濃度が低下すれば鉄金属の分極線の平衡電位は下がる。

$$nFE_0 = \mu^0 + RT\ln[M]$$

(5) 図 2-7 は、図 2-5 の水線腐食のエバンスダイアグラムに、平衡電位が下がった場所のアノード分極線（破線）を追加したものである。アノード分極曲線の平衡電位が下がると（$_FE_0 \rightarrow {}_FE_0{}^*$）、その場所のアノード溶出速さ $_Ai_a$ は $_Ai_a{}^*$ へとわずかに増大する。

第2章　静止水中の局部腐食

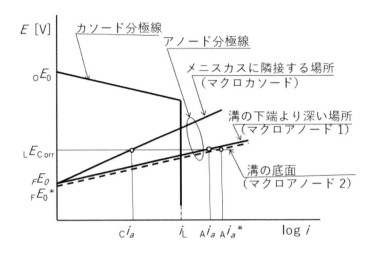

図 2-7　腐食溝の発生機構を説明する3本のアノード分極線

　(6) しかし、この増大が起きる場所は、OH⁻イオンが拡散によって移動できる範囲であるので、むしろ狭い。その結果アノード溶出速さの増大分は僅かであっても、その範囲（図2-8 マクロアノード 2）が、溝下端より深い場所のそれに比べてはるかに小さいので、先に本章の **1.3** で述べた「面積比効果」によってこの場所の減肉深さは著しく大きくなる。これに対して溝の下端より深い場所（同　マクロアノード 1）ではアノード溶出速度はほとんど変らないが、その面積がはるかに広いので減肉は無視できる程度にしか発生しない。

　要するに、アノード溶出速さ $_Ai_a$ [A, mol/sec, mm³/y] の増大が僅かであっても、その変化の起きる範囲（面積）[mm²]が極めて小さいので減肉速度 [mm/y] の上昇は大きく、その場所に深い減肉、すなわち腐食溝が発生する。

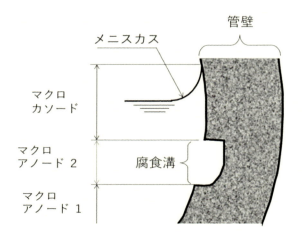

図 2-8　腐食溝（マクロアノード 2 ）の狭い底面積

3　異種金属接触腐食

3.1　異種金属接触腐食のエバンスダイアグラム

　先に図 2-1 の右上に示した異種金属接触腐食の場合は、初めからマクロカソードとマクロアノードの領域が図 2-9 に示したようにはっきり分かっている。その理由は、エバンスダイアグラム(図 2-10)から次のように明らかである。

　図 2-10 の中にあるこれらの金属の平衡電位を比較すると、標準平衡電位の序列に従って鉄金属のそれの方が高く、亜鉛の方が低い。これは鉄金属のアノード分極線を上側に、亜鉛のそれを下側に位置させる。その結果、鉄金属がマクロカソードになり、亜鉛がマクロアノードとなる。

第2章 静止水中の局部腐食

それに加えて両者は接触しているので、同じ電位 $_LE_{Corr}$ にある。そのため、格差のあるアノード電流 $_Fi_a$ と $_Zi_a$ が発生する。これは、先に本章 **1.2** で述べた局部腐食が発生する条

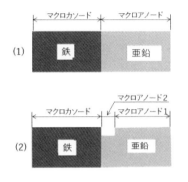 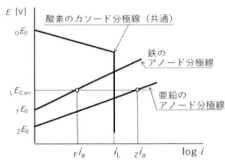

図2-9 互いに接触する異種金属の表面に構成されるマクロセル

図2-10 異種金属接触腐食のエバンスダイアグラム

件であり、このようにして互いに接触する異種の金属には局部腐食、すなわち異種金属接触腐食が発生する。なお、カソード分極線については、溶存酸素の挙動（拡散速さ）が金属の種類には依存しないので、マクロアノードとマクロカソードに共通であり、どちらのセルにおいてもカソード電流は酸素拡散限界電流 i_L である。これは、次項で詳述するが、水線腐食の場合と同じプロセスで腐食溝が発生する原因の一つである。

3.2 腐食溝の発生機構

異種金属接触腐食のエバンスダイアグラム（前項の図 2-10）によると、前節の水線腐食における腐食溝の発生機構説明が次のように、この種の局部腐食にもそのまま適用できる。

(i) 鉄金属表面では、OH⁻イオンが i_L の速さで発生し、Fe^{2+} イオンが $_Fi_a$ の速さで発生する。これらのイオンの等しい当

35

量が反応して化合物となるが、余剰の OH⁻イオンがそのまま残る。

　一方、亜鉛表面では、i_L の速さで OH⁻イオンが、$_zi_a$ の速さで Zn²⁺イオンが発生する。これらのイオンの等しい当量が反応して化合物となるが、余剰の Zn²⁺イオンはそのまま残る。

　(ii) OH⁻イオンは、亜鉛イオンに比べ小さくて軽いので拡散によって境界線を越えて亜鉛側へ移動し、亜鉛イオンと接触する。

　(iii) 両者は反応して水酸化亜鉛となり、析出する。その結果、その場所の亜鉛イオンの濃度は、境界線から離れた場所のそれに比べて低くなる。

　(iv) 平衡電位はイオン濃度の関数であるので、亜鉛イオン濃度が低下すれば亜鉛の分極線の平衡電位 $_zE_0$ は下がる。

　(v) それに伴って亜鉛イオンの溶出速さ $_zi_a$ は増大し、その結果、境界線に沿って溝状の減肉が発生する。

　(vi) この溝の横幅は、OH⁻イオンが拡散によって移動できる程度の距離であるので、むしろ狭い。そのため、溝の底面における減肉速度は面積比効果によって高く、溝は急速に深くなる（図 2-9 (2)）。

4　すき間腐食

4.1　金属板の隙間におけるマクロセルの形成

　前出の図 2-1 の右下に示されているように、静止水中に金属板の隙間があると腐食溝が発生する。その理由は、隙間を縦にして水線腐食の図（例えば図 2-8）と比較すれば直感的に分かるが、具体的には次のように説明できる。

　隙間の外側の金属表面は大気に近いので、水線腐食の場合

第 2 章　静止水中の局部腐食

と同じようにマクロカソードになる。一方、隙間の奥では溶存酸素濃度が低いためマクロアノードになる。このようにしてマクロセル腐食が発生し、隙間の外側の金属表面は水酸化物イオンによって覆われる。同時に隙間内の金属表面は金属イオンによって覆われる。この状態は図 2-6 の(I)に対応する。

次のステップでは、隙間の外側の水酸化物イオンが拡散によって隙間内へ侵入し（図 2-6 の(II)に対応）、金属イオンと反応して析出する。これは図 2-6 の(III)に対応する。

次いで **2.3** の(4)で述べたように、金属の酸化還元平衡電位が下がって隙間内の入り口付近にマクロアノード 2 が発生するが（図 2-11）、その面積が狭いために減肉速度が高い。このようにして、隙間の入り口付近に腐食溝が発生する。

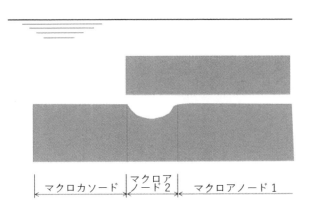

図 2-11　隙間の入り口付近に発生した腐食溝（マクロアノード2）

4.2　すき間腐食の発生機構説明を裏付ける事象

① 銅合金には すき間腐食が発生しない： 銅合金の腐食生成物は、亜酸化銅、水酸化銅や塩基性炭酸銅であり、

いずれも嵩が高い。これらが形成されると隙間を閉塞し、水酸化物イオンが隙間の奥へ侵入することを阻止する。
　具体的には、図2-6の(III)に水酸化鉄として描かれている黒丸の直径が、銅酸化物の場合はその数倍であると想像すればよい。そのような酸化生成物皮膜が隙間の入り口付近（マクロカソードとマクロアノードの境界）に発生すればすき間は閉塞され、水酸化物イオンは侵入できない。その結果、マクロアノード2は形成されず、深い減肉も起きない。
　② **ステンレス鋼にはすき間腐食が発生する**：　一般にステンレス鋼は腐食しない。ところが、それを看板とするステンレス鋼の三大弱点は、応力腐食割れ、孔食、およびすき間腐食である。
　ステンレス鋼の優れた耐食性は、鋼の表面のごく薄いものの安定な酸化生成物皮膜（不動態皮膜）に依る。ただし、この不動態皮膜が安定に保持されるためには酸素が必要であり溶存酸素濃度が低いと皮膜は崩壊して耐食性は失われる。
　隙間の内側では、上で述べたように溶存酸素濃度が低いので、不動態被膜が崩壊して無くなる。そこに腐食溝が発生するのは当然である。これは上に述べたすき間腐食の発生機構を支持している。

4.3　腐食表面上の溶存酸素濃度

　前述した水線腐食の発生機構説明においても、本節のすき間腐食の発生機構説明においても、大気に近い金属表面では溶存酸素濃度が高いので腐食生成物が緻密であり、そこをマクロカソードセルとする局部腐食が発生すると説明された。
　これは、図2-2のモデル図の二つのマクロセルにおいてカソード電流（酸素の拡散移動速さ）が同じであることに矛盾しているように見えるかも知れない。しかし、実際には矛盾は全く無く、むしろ酸素の拡散移動速さに格差がないことが金属表面上の溶存酸素濃度に格差を生じさせる。

この「酸素の拡散移動速さ」と「溶存酸素濃度の格差」との関係は、局部腐食の発生に繋がる重要な事象である。そこで両者の関係については次章で詳しく説明する。

まとめ

　水線腐食において幅の狭い腐食溝が発生する原因は、水線に沿ってマクロカソードとマクロアノードの境界が存在するからである。マクロカソード表面で発生したOH^-イオンが拡散によってこの境界線を越えてマクロアノード表面へ移動し、Fe^{2+}イオンと反応して水酸化鉄となって析出する。そして、その場所の鉄イオン濃度を下げて鉄金属の酸化還元反応（$Fe \leftrightarrows Fe^{2+}$）の平衡電位を下げ、その結果、マクロアノードにおけるアノード溶出速さを上昇させる。
　このイオンの拡散移動に基づく腐食溝の発生機構説明は、すき間腐食や異種金属接触腐食における腐食溝の発生機構にも適用できる。
　しかし、マクロアノードセルのアノード溶出速さ$A i_a$は、酸素拡散限界速さi_Lのせいぜい2倍までしか増大しない（第1章の第4節）。実際に、腐食溝の底面の深さ方向の減肉速度を著しく上昇させて急速に腐食溝を出現させるのは、面積比効果（第1章の第5節）である。

設問2

　水線腐食、異種金属接触腐食、すき間腐食が同じ機構で発生していることを立証するためにはどのような実験を行えばよいか。

第3章　流動水中の局部腐食

はじめに

　銅合金は実に多種多様である。主成分が同じ銅であっても第二成分が亜鉛であれば黄銅（真鍮）、錫の場合は青銅、ニッケルであればキュプロニッケルと呼ばれる。これらの合金に、第三成分あるいは微量成分を添加することによって、さらに多様な機能を持つ銅合金が調製されている。それらの大部分は耐食性の改善が目的である。

　銅合金には、もともと海水などの中性水溶液に対して十分な耐食性がある。しかし、それらの水環境が流動している条件下では、エロージョン‐コロージョンと呼ばれる局部腐食が発生することがある。

　ただし、合金成分の種類によっては、その腐食挙動が水環境の流動条件に全く依存しない銅合金も存在する。この事は「局部腐食はなぜ起きるのか」ではなく、むしろ「全面均一腐食はなぜ起きないのか」に関連するので、後に第6章で詳しく触れることにする。

1　用語とその定義

　エロージョン‐コロージョンは様々な名称で呼ばれている。これは、その被害が種々の材料に多様な形態で発生したことに因る。また、この現象が、物理と化学の境界領域の現象と考えられていたこともあって、この種の現象に初めて遭

第3章　流動水中の局部腐食

遇した先人の多くが、その発生機構を明らかにすることなく、従って他の類似の現象との関連を考えることなく、それぞれ勝手に命名した結果である。

　B. C. Syrett（米）は1976年に、流動水中の銅合金の表面に現れる減肉は、表面の保護性腐食生成物皮膜が、流れのせん断力によって剥離されるために生じると考え、これに erosion・corrosion と命名した。この用語は、その後 erosion-corrosion へ変化し（中点からハイフンへ）、ASTM（米国試験材料協会）規格の用語になった。これに対してISO（国際標準化機構）の規格用語集には erosion corrosion（中点もハイフンも無し）は載っているが erosion-corrosion は載っていない。一方、ASTM では erosion corrosion を combined erosion and corrosion （エロージョンとコロージョンの重畳）と呼び、用語としては扱わない。

　銅合金ではないが、火力・原子力発電所などの大型貫流ボイラーで、高温の純水を輸送する炭素鋼製の配管では、その内壁の広い範囲に減肉が発生することがある。この種の局部腐食には、流れ加速型腐食(flow accelerated corrosion, FAC)という名称が与えられたが、発生機構に基づけばこれもエロージョン-コロージョンに分類されるべき純電気化学的局部腐食である。

　以上に述べたような用語の混乱を避けるために、本章で用いる用語を次のように規定する。まず「エロージョン　コロージョン」と「エロージョン-コロージョン」とを峻別する。前者は、エロージョン(機械的力によって引き起こされる固体表面の変形や脱離)とコロージョン(金属がイオンとなって溶出する腐食)との重畳とする。後者は、エロージョン成分を含まない純電気化学的局部腐食とする。本章では、銅合金に発生するエロージョン-コロージョンが、全くエロージョン

41

成分を含まない純電気化学的な局部腐食であることを明らかにする。

2 エロージョン‐コロージョンの特徴

　銅合金のエロージョン‐コロージョンは、単相の環境液が流れる金属材料表面上に様々な形態で発生する（図3-1）。伝熱細管の入り口付近に発生すると、「吸い込み口腐食」（inlet-tube corrosion）と呼ばれる。細管の内壁に成長したフジツボの下流や、牡蠣殻の下に発生すると、「デポジット アタック」（deposit attack）と呼ばれる。管の外壁面に、流れが直角に衝突する場所には「衝撃腐食」（impingement attack）が発生する。流量測定用のオリフィス板の下流の管壁に発生する局部腐食は「乱流腐食」（turbulence corrosion）と名付けられた。最も特徴的な形態は、「馬蹄形腐食」（horseshoe corrosion）である。この場合は、伝熱管の内壁に、まるで馬が上流に向かって歩いた足跡のような形が現れる。

　これらの名称に共通する点は、これらが単に、この種の局部腐食の形態や発生場所を述べているだけであり、それらが発生する原因や機構とは結びついていないことである。また、これらの用語が所属するグループの名称「エロージョン‐コロージョン」の前半にある「エロージョン」は、機械的力や流れのせん断力、高速流などを連想させるが、実情はこれとは全く逆で、現場でこれらの局部腐食が起きる場所の流速は周囲に比べてむしろ低い。

　具体的に言えば、管の入り口やオリフィス板の下流では流路が狭くなるので、管の中央部では確かに流速が高くなるが、その場所の管壁表面は停滞している流塊や、ゆっくり流れる渦流に覆われているので、下流の管内壁面に比べると流速は

第3章 流動水中の局部腐食

むしろ低い。吸い込み口腐食や、乱流腐食はそのような流速の低い場所に発生する。

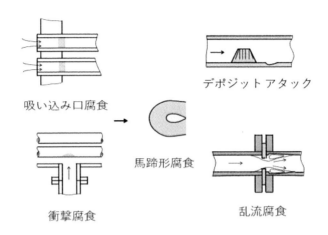

図 3-1　海水中の銅合金に発生するエロージョン‐コロージョンの形態

　多管式熱交換器の伝熱細管内にフジツボや蛎殻が詰まれば、その管内の流量はむしろ減少する。障害物の直ぐ下流ではさらに流速が低下する。デポジット アタックは、このような流速の低い場所に発生している。シャワーのように液滴が衝突するのであれば衝撃圧が発生するが、流体が連続して当たっている場合は、衝撃圧は発生しない。衝撃腐食はそのような場所に起きている。

　馬蹄形腐食の詳細な形態（図3-2右）は、一般に流れが層流から乱流へ遷移するとき、固体壁表面に現れるごく小さな（数mm）「バナナ渦」（同図左）の下に発生する腐食減肉の頭部に似ている*。一般に、渦に覆われた固体表面における流速は周囲に比べると低い。

　繰り返して強調するが、銅合金に発生するエロージョン‐コロージョンの形態が環境液の流動状態に強く影響されて

43

いることは明らかである。しかし、「エロージョン」という用語は「高速流」や「乱流」を連想させるが、エロージョン-コロージョンが実際に発生する場所の流動状態はそれらのイメージとは全く乖離していて、むしろ「停滞」や「滞留」である。

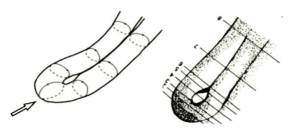

図 3-2 バナナ渦（左）と、その下の金属表面に発生する腐食減肉（右）

3 銅合金に発生するエロージョン - コロージョンの観察

3.1 エロージョン - コロージョンの再現

挙動観察の第一歩は、目的の腐食現象を手もとに再現することである。その方法の一つとして、運転中の実装置内へ多数のクーポン試験片を挿入する方法がある（クーポン試験）。しかし、この方法では、クーポン試験片に目的の腐食現象が発生するとは限らない。また、腐食現象が発生するまでに要する時間は実機と同じである。これでは、挙動観察はおろか諸材料の耐食比較試験さえ出来ない。

一般に、多種多様な銅合金の中からその環境において優れた耐食性をもつ材料を選定する場合や、新たに耐食性に優れた材料を開発するためには、材料の耐食試験が不可欠である。その際に試験装置として具備すべき条件は、①試験片表面に現場における腐食現象が再現されること、②現場の実機より

第 3 章　流動水中の局部腐食

早く評価結果が得られること、である。

　短時間内に材料の性能評価を行うには、試験条件（試験液の組成や流速）を厳しくする必要がある。しかし、そうすると①の目的が達成できなくなるおそれがあり、①と②の条件を同時に満足している試験装置はなかなか得難い。また、例えこれらの条件を満たす装置があったとしても、取り扱い易いという条件を具備していなければ実用に供することは出来ない。

3.2　隙間噴流試験

　図 3-3 のスケッチは隙間噴流法試験装置である。下側の直径 16 mm の円盤状試片の頂部が試験表面であり、その上側に同じ外径の樹脂製ノズル（ノズル口径 1.6 mm）を置くことによって、二つの円盤の間に 0.4 mm の隙間が形成されている。

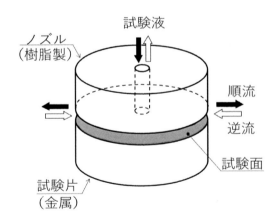

図 3-3　隙間噴流法試験装置

　ノズルから試片の中心部へ注入された試験液が試験表面を放射状に流れる場合を順流と呼ぶ。その逆の方向、すなわち

試験液が試片の周辺部から中心へ向かって流れ、試片の中央のノズル内を上昇する場合を逆流と呼ぶ。

この試験装置の最大の特徴は、試験表面における試験液の流速が場所によって異なることである。さらに、試験液の流れ方向（順流、逆流）や流量を調整することによってその流動状態を大きく変えることができる。

順流によって行われた5種類の青銅（BC系）、3種類の黄銅（C系とYBs）、および2種類の耐脱亜鉛黄銅（DZ系）の試験の結果を図3-4に示した。これらは、塩化銅(II)（$CuCl_2$）の1%水溶液を流量0.4 L/minで7時間流した後の試片の表面状態である。

図 3-4　各種銅合金の順流による隙間噴流試験の結果

青銅系の各試片（上段の5個）の表面は、均一な酸化物皮膜で覆われていて、十分な耐食性が窺われた。黄銅系の各試片（下段の左側3個）の表面には金属光沢のある比較深い腐食溝が現れて、青銅類に比較して耐食性が劣ることが分かった。また、耐脱亜鉛黄銅（下段の右側2個）にも深い腐食溝が現れて、黄銅の脱亜鉛腐食を防止すると考えられている微

量成分（ヒ素など）を添加しても、その耐食性改善には効果がないことが分かった。

　この隙間噴流法試験装置を用いて行われた各種銅合金の腐食試験で得られた最も重要な成果は、この試験に供された各種銅合金の耐食性評価（試片減量に基づく耐食性能の序列）が、現場のエンジニアの経験と一致したことである**。これは現場で発生しているエロージョン‐コロージョンがこの試験片に再現されたことを証明している。

　さらに、この試験法では420 min (7時間)という比較的短時間で試験結果が得られた。これらは、この隙間噴流試験が、先の**3.1**で述べられた試験法に要求される二つの条件の両方を備えていることを示している。

3.3　逆流による隙間噴流試験

　エロージョン-コロージョンの発生に衝撃力やせん断力などの物理的あるいは機械的力が関与しているかどうか、また、発生する減肉にエロージョン成分があるかないかを明らかにするために、逆流による隙間噴流試験を行った。試片には先の順流試験（図3-4）でエロージョン‐コロージョンが発生することが確認された黄銅試片を用いた。試験後の試験片断面形状（表面粗さ計で測定）を図3-5に示す。図中の破線は試験前の形状である（位置ではない）。

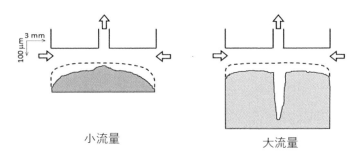

図 3-5　逆流隙間噴流試験後の試験片断面形状（表面粗さ計で測定）

この図の左に示された小流量（0.2 L/min）による試験の後の試片表面の形状を見ると、試験表面の外周部に減肉が発生している。このため中心部は取り残され、まるで小山が盛り上がったように見える。これとは全く対照的に、大流量（0.8 L/min）では、減肉の分布が一変し、中心部に約 300 μm の、極めて深い浸食穴が発生した。この穴の内壁面には金属光沢が認められた。

3.4　試験液の流動状態

　試片に発生する減肉の分布に、上記の劇的な変化をもたらした直接の原因は試験液の流量であることは明らかである。では、流量によって何が、どのようにして減肉に影響したのであろうか。それを知るためには、流量によって起きる試片表面上の試験液の流れ状態の変化を知る必要がある。

　そこで、透明アクリル樹脂で、各部の寸法を 10 倍に拡大した流況観察用の隙間噴流法試験装置を作り、トレーサ（平均粒径 50 μm のアルミニウム粒子）を添加した試験液を流して、ノズル口付近の流動状態を観察した。その結果を図 3-6 に示す。

　　　　　小流量　　　　　　　　　　　大流量

　　図 3-6　逆流におけるノズル直下の試験液の流動状態

　ビデオカメラでの観察によると、小流量では試験液が試験片表面に沿って外周部から中心に向かって滑らかに流れ、上

第3章　流動水中の局部腐食

部のノズルに吸い込まれていた。これに対して大流量では、外周部では試験液が試験片表面に沿って流れているものの、中心から約 7 mm（原寸試験装置では 0.7 mm に相当）の位置で試験片表面から剥離した。そのためノズル口の直下に固定渦が発生した。この渦の中ではトレーサの軌跡線が短いので、流速が極めて低いことが分かる。

　上記の観察結果から、原寸の隙間噴流法試験装置においてもノズル口直下の試験片表面は、ほとんど動きのない流体塊（固定渦）に覆われていると推察できる。すると、先に述べた大流量で深い穴を発生させたのはこの固定渦であり、さらに、この試験片表面はほとんど動かない流体塊に覆われていて衝撃圧やせん断力などの物理的力が働く可能性が無いので、金属表面に深い穴を発生させたのは、純電気化学的作用であると断定できる。

　つぎの課題は、純電気化学的腐食の見地から図 3-5 の深い腐食穴の発生機構を明らかにすることである。そこで、次節において「局部腐食のモデル」と「局部腐食のエバンスダイアグラム」から出発し、「酸素の拡散距離と金属表面の溶存酸素濃度との関係」、さらに「溶存酸素濃度と銅の酸化生成物の特性との関連」を検討し、最後にエバンスダイアグラムの上でエロージョン‐コロージョンの発生機構を明らかにする。

4　腐食機構を解く四つの鍵

4.1　局部腐食のモデル

　図 3-7 は、局部腐食（マクロセル腐食）のモデルである。マクロアノードセル（左側）も、マクロカソードセル（右側）も、表面は多数の小さなミクロセルで覆われている。
　ミクロセルを構成する上下に重なった四角のうち、灰色の

四角は金属が酸化されてイオンとなるアノード反応の速さ、すなわちアノード電流を、白抜きの四角は酸素が水酸化物イオンへ還元される反応の速さ、すなわちカソード電流を表す。

また、それぞれのマクロセルの上の矢印は、上向き（酸化）か下向（還元）かで反応の方向（種別）を表し、その横幅でセル全体の反応速さを表している。

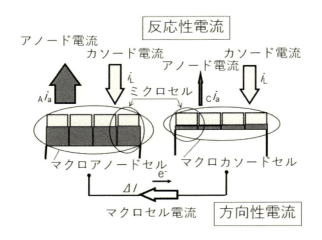

図 3-7　局部腐食のモデル（マクロセル腐食のモデル）

この局部腐食モデルでは、反応性電流の内のマクロアノードセルのアノード電流が最も大きく、マクロセルにおける腐食の被害、すなわち金属の溶出速さを代表している。

このモデルを先の逆流隙間噴流法試片の表面に当てはめると、小流量では、盛り上がったように見えた中心部がマクロカソードに、それを取り囲む周辺部がマクロアノードに対応する。一方、大流量ではこれとは逆に、腐食穴が発生した中心部がマクロアノードに、その周辺部がマクロカソードに対応する。

4.2　局部腐食のエバンスダイアグラム

図3-8は、一般の金属の局部腐食のエバンスダイアグラムである。縦軸は金属の電位 E [V]であり、横軸は金属あるいは溶存酸素の反応の速さ [mol/sec] を、電流の単位であるアンペア [A] に換算した反応性電流 i の対数である。

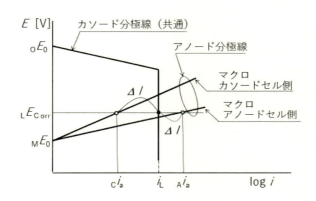

図 3-8　局部腐食のエバンスダイアグラム

　電位軸上の $_oE_0$ は溶存酸素の酸化還元反応の平衡電位であり、この電位から低い電位へ向かう折線は、電位と酸素の還元反応速さとの関係を示すカソード分極線である。この分極線は、マクロアノードセルとマクロカソードセルに共通である。
　一方、アノード分極線は2本あり、1本はマクロアノードセルに所属し、他の1本はマクロカソードセルに所属する。これらのアノード分極線が腐食電位 $_LE_{Corr}$ に到達するときの電流が、それぞれのセルにおけるアノード電流の $_Ai_a$ と $_ci_a$ である。
　これを前節の隙間噴流法試験で得られた試片表面に当てはめると、腐食減肉が発生する場所のアノード電流が $_Ai_a$ であり、それに隣接する場所のアノード電流が $_ci_a$ である。

ここでは二つのアノード電流を区別するためにマクロアノードセルのアノード電流 A_{ia} を「アノード溶出速さ」と呼ぶ。これは上にのべたように局部腐食の進展速さを表す指標である。

4.3 酸素の拡散距離と金属表面の溶存酸素濃度の関係

一般に、流れの下の金属表面は、沖合の主流に比べて流速の遅い、あるいはほとんど停滞あるいは滞留している流体の層に覆われている。通常、この層は境界層と呼ばれる（図3-9右）。

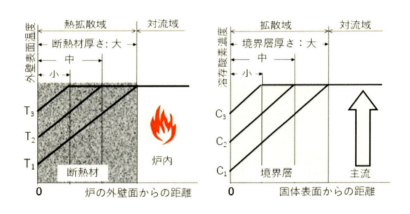

図 3-9 境界層に覆われた金属表面における溶存酸素濃度（右）と、炉の外壁表面の温度（左）との対比

この境界層に覆われている金属表面上で、腐食のカソード反応によって酸素が消費されると、その場所の溶存酸素濃度が低くなる。一方、境界層の外側の主流では、流体が対流によって十分攪拌されているので、溶存酸素濃度は高く一定である。従って溶存酸素は、主流と境界層の界面から底面（金属表面）へ向かって拡散によって移動することになる。

一般に、拡散による物質の移動は定常的で、その速度は一定である。従って、拡散域内の溶存物質の濃度勾配はどこでも同じになる（拡散速度は濃度勾配に比例するから）。そのため、境界層の底の金属表面上の溶存酸素濃度は、境界層の厚さに反比例して低くなる。

　結論として、境界層で覆われた状態で腐食している金属表面での溶存酸素濃度は、図 3-9 右のグラフのように境界層の厚さに反比例する。

　なお、厚い境界層に覆われている腐食金属表面の溶存酸素濃度が低いという事象は、物質移動と熱移動のアナロジーによって裏付けられる。つまり、通常よく経験されるように、加熱炉の外壁の温度は、断熱材の厚さに反比例して低くなる（図 3-9 左）。

4.4　溶存酸素濃度と腐食生成物皮膜の性質

　一般に、金属のアノードプロセスにおいて最も大きな抵抗は、金属イオンが金属表面から離脱するステップにある。この離脱を妨げるのは、表面に堆積した腐食生成物皮膜に他ならない。

　銅合金の特徴として、酸素を含む水環境では、その表面に多様な腐食生成物皮膜が形成される。それらは亜酸化銅（Cu_2O）、水酸化銅（$Cu(OH)_2$）、塩基性炭酸銅（$Cu_2(OH)_2CO_3$）などである。これらの化合物は、いずれも非溶解性で安定性があるので、腐食に対する保護性を有する。この保護性こそ銅合金のアノードプロセスにおける抵抗の主体である。

　銅合金の腐食生成物皮膜の特徴の第一は、水環境中の溶存酸素濃度が高くなると、含まれる銅イオンの酸化数が高くなり、また皮膜も緻密になるので、保護性能が上昇することである。

　その第二は、この皮膜の保護性が合金の第 2 成分やその他の微量成分に強く依存することである。例えば、青銅類の

第2成分である錫は腐食生成物皮膜に優れた保護性を与える。ただし、その性能をステンレス鋼の表面に生成する不働態皮膜のそれと比べると、緻密度が低く嵩だかいので、保護性能はやや劣る。

5 エロージョン‐コロージョンの発生機構

5.1 境界層厚さと溶存酸素濃度に基づく定性的機構説明

　先の逆流による隙間噴流試験では、試験液の流量が小さいときに試片の中心部（ノズル口の直下）に図3-5左に示した小山が現れたが、その理由は、金属表面上における境界層の厚さと溶存酸素濃度との関係（図3-9）に基づいて以下のように説明できる。

　この試片の表面では、流れの断面積が中心部で小さく、周辺部で大きいので、流速は中心部で高く、周辺部で低い。そのため、境界層（拡散域）は中心部で薄く、周辺部で厚い。すると、図3-9によって金属表面上の溶存酸素濃度は中心部で高く、周辺部で低くなる。その結果、中心部の金属表面は安定した腐食生成物皮膜で覆われるので、金属イオンの溶出に対する抵抗が大きく、腐食減肉はほとんど生じない。一方、周辺部の金属表面には粗雑な被膜しかないので、金属イオンの溶出に対する抵抗が小さく、腐食減肉が進む。このような理由で周辺部だけに減肉が進み、中心部は取り残されて、そこにまるで小山が発生したように見えた。

　これとは対照的に、大流量のときは試片の中心部に深い腐食穴（図3-5右）が現れたが、その理由は、つぎのように説明できる。

　大流量のとき、中心部のノズル口直下に現れた渦（図3-6右）は、ごく厚い境界層（拡散域）と考えてよい。すると、

渦に覆われた金属表面の溶存酸素濃度は比較的低く、粗雑な腐食生成物皮膜しか発生しない。この皮膜は金属イオンの溶出を十分阻止することができないので腐食減肉が進み、その場所に深い腐食穴が発生した。

5.2　局部腐食モデルとエバンスダイアグラムを用いた定量的機構説明

　図 3-5 の逆流隙間噴流試験の結果をマクロセル腐食モデルとエバンスダイアグラムを用いて定量的に説明すると、次のようになる。

　先ず小流量では、上に述べたように試片の周辺部では流速が低いので境界層が厚く、それに覆われた金属表面における溶存酸素濃度が低く、粗雑な皮膜しか形成されないので金属イオンの溶出に対する抵抗が小さい。これは、分極線の勾配が小さいことを意味している。つまり、周辺部のアノード分極線は図 3-8 のマクロアノードセル側のそれである。

　これに対して中心部では境界層が薄く、溶存酸素濃度が高く、緻密で安定した皮膜で覆われているので、金属イオンの溶出に対する抵抗が大きい。これは分極線の勾配が大きいことを意味している。つまり、中心部のアノード分極線は図 3-8 のマクロカソードセル側のそれである。

　次に、大流量では、試片の中心部に渦が発生した。この渦の下の金属表面では溶存酸素濃度が低いので腐食生成物皮膜がほとんど無く、金属イオンの溶出に対する抵抗が小さい。これは分極線の勾配が小さいことを意味している。つまり、中心部のアノード分極線は図 3-8 のマクロアノードセル側のそれである。

　これに対して周辺部では境界層が比較的に薄く、溶存酸素濃度が高く、緻密で安定した皮膜で覆われているので、金属イオンの溶出に対する抵抗が大きい。これは分極線の勾配が

大きいことを意味している。つまり、周辺部のアノード分極線は図 3-8 のマクロカソードセル側のそれである。

ここで、アノード分極線の勾配は流量に依存しないと仮定して、以上の小流量と大流量における周辺部と中心部の分極線を一つのエバンスダイアグラムに表すと図 3-10 のようになる。

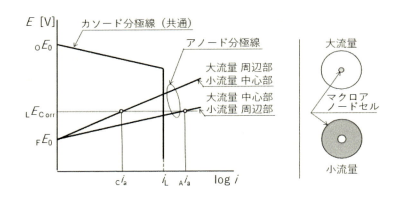

図 3-10　マクロアノードセルの面積に及ぼす試験液流量の効果

この図によると、小流量においても大流量においても、マクロアノードとなる場所のアノード電流（アノード溶出速さ）は同じ $_Ai_a$ になる。これは、先に示した図 3-5 の試験片断面形状の比較（小山の高さと腐食穴の深さ）から受ける印象とは大きく異なる。その理由は、図 3-10 のエバンスダイアグラムではアノード溶出速さが比較されているのに対して、図 3-5 では減肉深さが比較されているからである。

5.3　減肉速度を決定する因子

先の 4.2 で述べたように、エバンスダイアグラムの横軸にある電流 i [A]は、[mol/sec]の次元を持つ溶存酸素や金属の酸化還元反応の反応速さに由来する。この次元は、モル容積を用いて体積損失速さの次元 [mm³/sec] へ変換することが

できる。さらに、これをマクロアノードの面積に割り付けると、減肉速度［mm/sec］が求まる。この次元の尺度によると、マクロアノードセルの面積が小さいほど減肉速度は高くなる。これは第1章5節で述べた面積比効果であるが、それに基づいて先の逆流隙間噴流試験の結果を説明すると、次のようになる。

　図 3-10 の右に示すように、小流量におけるマクロアノードセルの面積は試片の周辺部の大部分を占めていて比較的大きい。このため、減肉深さ（これは図 3-5 左の試片の中央に生じた小山の高さに相当する）は小さく、40 μm 程度である。

　これに対して大流量では、マクロアノードセルが試片中央部の狭い面積に限られていて比較的小さいので、減肉深さは大きく約 300 μm と小流量のそれの約 7 倍を超える。ただし、これらのマクロアノードセルの面積の比率が厳密に 1/7 になっていないのは、アノード分極線の勾配が流量に依存して幾らか変化したためであり、面積比効果は確かに現れていると言ってよい。

　　結論を言えば、隙間噴流試験の試片に深く鋭く見える穴を生じさせたのは、物理的作用ではなく、局部腐食に付随する面積比効果である。

まとめ

　本章では、銅合金の流動水中の腐食について以下のような知見を得た。
(1) 腐食機構について
　配管の内壁表面や流動水中の物体表面は、種々の厚さの境界層、すなわち拡散層で覆われている。この拡散層の厚さに応じて金属表面の溶存酸素濃度が変化する。この溶存酸素濃

度は、銅合金表面の腐食生成物皮膜の組成や緻密さなどの物性に強く影響し、皮膜の物性は金属イオンの脱離速さに影響を与える。その結果、流動水中では金属表面のアノード溶出速さに格差が発生し、この格差が局部腐食、すなわちマクロセル腐食を引き起こす。

　上記のプロセスで発生する局部腐食がエロージョン・コロージョンの正体である。従ってこの種の局部腐食によって発生する減肉には、エロージョン成分（機械的あるいは物理的損傷）は含まれていないと言える。

(2) 耐食性について

　尺度として「腐食の速さ」、例えば [mm^3/y] や [mg/min] などを用いると、相対的な耐食性を評価できる。それによると、銅合金の耐食性は純銅に加えられる第2成分に大きく依存する。これは、腐食表面に発生する腐食生成物が非溶解性で安定性があり、腐食に対して保護性を有するからである。なお、この腐食保護性は、金属表面の溶存酸素濃度にも依存する。

　これに対して、「腐食の速さ」を腐食面積で割って得られる「減肉速度」[mm/y] に基づくと、腐食穴の深さや、延いては配管装置などの寿命（管壁の貫通時間）について具体的な評価をすることが出来る。

参考文献

*Matsumura M. Features and Mechanism of Unusual Wall Thinning (Erosion-Corrosion) of Carbon Steel Pipe Carrying Hot Pure Water. *Corrosion Engineering*, Vol.56, pp.239 - 256, 2007.

**Matsumura M., Noishiki K., Sakamoto A. Jet-in-Slit Test for Reproducing Flow-Induced Localized Corrosion on Copper Alloys. *Corrosion*, Vol.54, pp.79-88, 1998.

設問 3.1
図 3-4 を参考にして、順流の隙間噴流の試片表面における試験液の流れ状態を描け。

設問 3.2
図 3-4 において、青銅系の各試片(上段の 5 個)の表面が均一な酸化物皮膜で覆われた理由を述べよ。

第4章　温度の影響を受ける局部腐食

はじめに

　1986年12月、米国バージニア電力会社のサリー原子力発電所の2号炉において配管破断事故が発生した。稼働13年の、蒸気発生器への給水ポンプに取り付けられた炭素鋼製の口径18インチの90°エルボに、深い減肉が広い範囲に発生した。そのため、このエルボに360°の全周破断が起きた。

　1996年、米国電力中央研究所（Electric Power Research Institute, EPRI）は、この種の減肉は高温水に接する炭素鋼表面に酸化皮膜として生成したマグネタイトが高速で溶出したものと考え、これに流れ加速型腐食（Flow Accelerated Corrosion, 以下 FAC）と名付けた。

　著者は、上記のEPRIの見解とは異なり、この種の減肉は炭素鋼の不動態化と、その表面に発生した溶存酸素濃度の不均一分布が絡んで引き起こした局部腐食に過ぎないと考える。その根拠は、『FACは炭素鋼に発生した局部腐食である』とすると、複雑に見えるFACの発生機構が明解に説明できるからである。

1　流れ加速型腐食（FAC）の事例と特徴

1.1　原子力発電所で起きた事例

　図4-1に、いわゆるギロチン破断されたサリー原子力発電所の18インチ エルボを示す。13年間使用されたエルボの管壁がほぼ均一に、残り数mmまで薄くなり、そこに管軸方

第4章 温度の影響を受ける局部腐食

向の割れが発生し、それが T 字管との溶接線まで延びた後に、円周方向の割れとなって左右に分かれて進展し、ついに全周破断に至った。

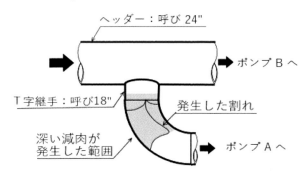

図 4-1　T字継手の下流のエルボに発生した減肉と割れ

　2004 年に、関西電力美浜原子力発電所において上記と同様な事例が発生した。熱水配管に設けられたオリフィスの下流で、管内壁の天井部だけが（全周ではない）まるで紙のように薄くなり、そこに管軸方向の割れが走り、続いて管壁が観音開きに左右に開いて大きな破裂穴が生じた（図 4-2）。

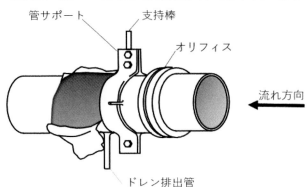

図 4-2　オリフィスの下流に発生した FAC

上記の二つの事例に共通する特徴は、長期間に亘って使用されてきた鋼管が突然大きな開口部を伴って破壊されたことである。しかも、その大きな開口部は、どちらの場合も先ず割れが管軸方向にある距離を走り、次に円周方向に向かって進展したことによって発生している。

最初に管軸方向の割れが発生する理由は、材料力学の初歩において、薄肉円筒が内圧によって破壊されるプロセスで明解に説明されている。つまり、内圧によって管壁に生じる円周方向の引張り応力は管軸方向のそれの2倍である。そのため割れは、この引張り応力に対して直角に、すなわち管軸方向へ走る。

次に、管軸方向に走る割れが途中で円周方向へ向きを変えた理由は、その場所から先は管壁に減肉がほとんど発生せず、元の管壁厚さが残っていたためである。

上記の考察から、FACにおける割れの挙動は通常の薄肉円筒に生ずるごく常識的なものであり、むしろFACの特徴は『管内壁の円周方向には全周に、あるいは管軸方向には管内径の数倍の距離に亘る広い範囲に、ほぼ均一な深さの深い減肉が発生すること』である。

1.2 FACが発生する条件

上記の二つの事例以外にも、これまで国の内外の多数の大型ボイラーの配管において、同様な減肉や、そこを起点とする割れが発生した。それらの事例で広く認められたこの種の減肉の特徴は、その発生場所が管内流水の流れ状態に強く影響されることである。それが「流れ加速型腐食、FAC」という名称の由来であるが、現場のエンジニアは、この種の腐食は管路内の流れの状態ばかりでなく、熱水の温度やpHにも強く依存し、その外にも合金成分など材料側の因子の影響も受けると考えている。

流れ状態への依存性： FAC減肉は、配管路の内で直管で

第4章　温度の影響を受ける局部腐食

ない場所、例えばT字管の下流（図 4-1）、あるいはエルボやバルブの付近に発生することが多い。また、直管であってもオリフィスの下流（図 4-2）や、直管内へ突き出た枝管の下流などに発生したことがある。

しかし、注目すべき点は、流れ状態がFAC発生のための十分条件ではないことである。例を挙げると、先のサリー発電所の事例では、同じ給水が流れる同じ規格の二つエルボの内の一つだけにFACが発生している（図 4-1および図 4-3）。また、美浜発電所の事例では、同じ給水が流れる並列配管で片方のA系列だけにFACが発生している（図 4-2および図 4-4）。

これらの事例は、FAC減肉の発生に偶発性があると言うのではなく、むしろ流れ状態はFACを引き起こす原因の一つに過ぎないことを意味している。言い換えればFACの発生に関与する因子は一つではなく、複数の因子が存在する。

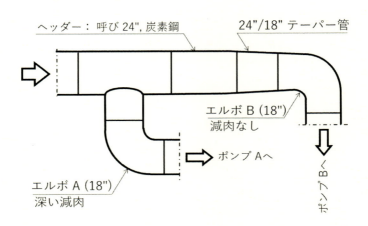

図 4-3　FACが発生したエルボAと、発生しなかったエルボB（概略図）

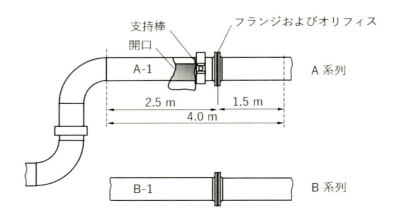

図 4-4 FAC が発生した A 系列と、発生しなかった B 系列

温度の影響： 図 4-5 は現場のエンジニアの経験に基づく FAC の発生頻度（あるいは発生確率）に及ぼす温度の影響である*。流量が大きいと、130°付近にやや鋭いピークを持つ特徴的な温度依存性が現れる。しかし、流量が小さいとこのピークは消滅する。このように流水の温度も FAC 発生のための十分条件ではない。

pH の影響： 図 4-6 は 1982 年に発表された FAC の pH 依存性に関するデータである*。炭素鋼の St 35.8 では、pH が 9.5 以上になると減肉速度は無視できるほどに低下する。また、合金鋼の 13CrMo44 と 15Mo3 では炭素鋼に比べて減肉速度が高く、より高い pH で減肉速度の低下が始まる。

以上に述べた FAC の特徴に共通することは、まず腐食減肉の発生に関与する因子が多いこと、その上、それらの因子の影響の大きさが他の因子に依存することである。このような特徴をもつ FAC の正体が局部腐食であることを説明することは簡単ではない。

第4章 温度の影響を受ける局部腐食

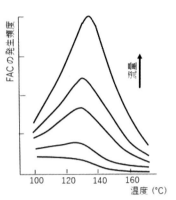

図 4-5 FAC の発生頻度に及ぼす温度の影響

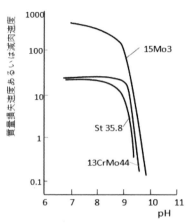

図 4-6 諸材料の質量損失速度に及ぼす温度の影響

そこで以下に、まず次の第2節で局部腐食モデルとエバンスダイアグラムに基づいて一般の金属の局部腐食の発生機構を述べる。次いで第3節以降で炭素鋼の腐食挙動に及ぼす諸因子の影響を述べ、それと FAC の特徴を比較して FAC が炭素鋼に発生する局部腐食に過ぎないことを明らかにする。

2 一般の金属における局部腐食の発生機構

2.1 局部腐食のモデル

図 4-7 は、局部腐食（マクロセル腐食）のモデルである。局部腐食が進展している金属表面には、隣接する一対のマクロアノードセルとマクロカソードセルが存在する。これらのマクロセルの大きさは必ずしも同じではないが、どちらも多数のミクロセルから構成されている。

このマクロセル腐食モデルの特徴は、どちらのミクロセルにおいても保存則が成立していないことである。つまり、マクロアノードセルではアノード電流の方が（白の四角、アノードプロセスの進展速さ、詳しくは第 1 章 2.2 参照）、マクロカソードセルではカソード電流の方が（灰色の四角）大きい。このことは、それぞれのミクロセルの四角の厚さと、

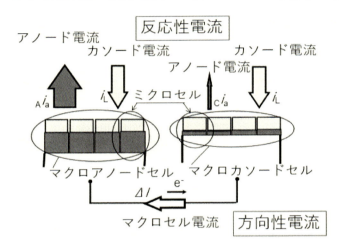

図 4-7　局部腐食（マクロセル腐食）のモデル

このマクロセルの全アノード電流（上向き）、全カソード電流（下向）を表す矢印の横幅が異なっていることよっても表現されている。
　ところが、それぞれのセルのアノード電流の矢印の横幅を足し合わせると、二つのカソード電流の矢印の横幅を足し合わせたものに等しくなっている。これは、マクロカソードセルからマクロアノードセルへ向かってマクロセル電流（ΔI）が流入しているからである。このように、この局部腐食のモデルにおいては、金属表面全体では『全アノード電流＝全カソード電流』が成立していて、保存則が満足されている。

因みに FAC による減肉は、このモデル図の中で最も大きい反応性電流として描かれているマクロアノードセルのアノード電流 $_Ai_a$ に対応する。

2.2 局部腐食のエバンスダイアグラム

図 4-8 は局部腐食のエバンスダイアグラムである。図中の 1 本のカソード分極線は両方のセルに共通であり、その垂直線部の位置は酸素拡散限界電流 i_L である。これはモデル図（図 4-7）のカソード電流（反応性電流）に対応する。

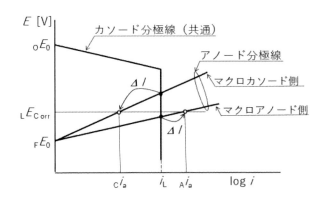

図 4-8　局部腐食のエバンスダイアグラム

一方、アノード分極線は 2 本あり、それらの内で低電位側にあるのがマクロアノードセルに、高電位側のそれがマクロカソードセルに所属する。

金属の電位が腐食電位 $_LE_{Corr}$ にあるとき、アノードセルのアノード電流は $_Ai_a$ であり、これは先のモデル図で最も大きいアノード電流に対応する。

このエバンスダイアグラムから分かるように、このアノード電流 $_Ai_a$ は酸素拡散限界電流 i_L よりマクロセル電流 ΔI 分

だけ大きく、カソードセルのアノード電流 c_{i_a} は ΔI 分だけ小さい。このように、二つのセルのアノード電流の格差は大きく、その結果、カソードセルでは実質的な減肉は発生しないが、アノードセルでは深い減肉が発生する。これこそ局部腐食の特徴である。

　局部腐食のモデル図とエバンスダイアグラムに基づくと、局部腐食が発生するための必要十分条件は、『一つの金属表面の場所によってアノード電流（アノード溶出速さ）に格差が存在すること』である。

3　炭素鋼の腐食に対する流れの影響

3.1　流れが滞留する水域

　管路内に設置されたオリフィス板の付近およびその下流の流れの状態を図 4-9 に示す。オリフィス板付近の管の中央部の主流域では、流れの断面積が絞られるので流速が高い。ところが、この主流域の外側にある滞留水域では、管内壁面上の流速は主流域に比べて著しく低く、実質的な流体の動きはほとんどない。

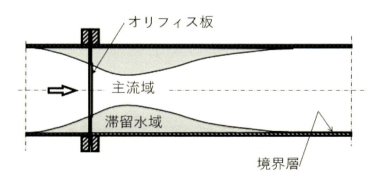

図 4-9　オリフィス板の付近と、その下流における流れの状態

一方、オリフィス板の遥か下流にあってその影響を受けない場所では、境界層と呼ばれる極めて流速が低く、そして厚さが薄い流体が管内壁面に接している。この境界層内の流体は、ほとんど動いていないという点でオリフィスの近くにある滞留水域のそれとよく似ている。逆に、滞留水域は、境界層の厚さが大きくなったものと言ってよい。

境界層内でも滞留水域内でも、流体の流れはほとんどない。そのため、物質、例えば溶存酸素は拡散によって移動する。端的に言えば、オリフィス板の付近および下流の管内壁表面は、厚さの異なる拡散層に覆われている。

3.2 滞留水域に覆われた管内壁表面における**溶存酸素濃度**

拡散層に覆われた管壁表面で腐食が発生すると、酸素がカソード反応によって消費されているので、溶存酸素濃度が低くなる。

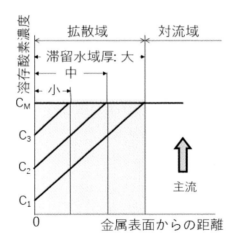

図 4-10 滞留水域に覆われた金属表面上の溶存酸素濃度

一方、主流域の溶存酸素濃度は、対流によって比較的高いレベルに保たれている。滞留水域や境界層内では流れがほと

んど無いので、溶存酸素は主流域から管壁表面に向かって拡散によって移動する。この移動は定常的で、一定速度である。この状況をグラフに表すと図 4-10 のようになる（第 3 章 **4.3** 参照）。この図によると、比較的厚い滞留水域に覆われている管壁表面における溶存酸素濃度（例えば C_1）は、比較的薄い滞留水域（あるいは境界層）に覆われている下流の場所のそれ（例えば C_3）に比べて低い。つまり、滞留水域の厚さの大小は、管壁表面の溶存酸素濃度に格差を発生させる。

3.3　溶存酸素濃度がアノード溶出速さに及ぼす影響

　金属腐食におけるアノードプロセスの最初のステップでは、金属原子が酸素によって酸化されて金属イオンとなる。これに続く次のステップでは、その反応によって金属表面から溶出した金属イオンが水酸化物イオン（OH⁻）と反応して種々の酸化生成物となる。

　炭素鋼の場合には、低次の酸化生成物である水酸化鉄（$Fe(OH)_2$，2 価）が、酸素が豊富に存在すれば、より高次の酸化物である四酸化三鉄（Fe_3O_4，8/3 価）へ、さらに高次の三酸化二鉄（Fe_2O_3，3 価）へ酸化される。このとき、酸化生成物は酸化数の高いものほど安定で緻密である。

　これらの酸化生成物は、沖合へ流れ去るか、あるいは金属表面に堆積する。堆積した酸化生成物は、新たに溶出してくる金属イオンが沖合へ拡散するときに障害となる。これはアノードプロセスのステップの中で最大の抵抗であり、この抵抗がアノード分極線の勾配を、すなわちアノード溶出速さを決める。

3.4　サリー原発の FAC の原因

　上記によると、管路内に滞留水域がある場合には、その内外の管壁表面でアノード溶出速さに格差が発生し、その結果として、滞留水域に覆われた管内壁面をマクロアノードとするマクロセルが発生することになる。そして、このマクロア

第 4 章　温度の影響を受ける局部腐食

ノード（滞留水域）には減肉が発生する。

この説明によると、サリー原発の T 字管の下流のエルボに発生した減肉は、T 字管内で発生した滞留水域が下流のエルボにまで広がったことに因る。

3.5　他のエルボに FAC が発生しなかった理由

先に示した図4-3の事例では、同じ給水が流れる管路に設置された二つのエルボの内、一つだけに FAC による減肉が発生し、他の一つには発生しなかった。この理由は次のように説明できる。

この配管内の流れの概況（図 4-11）を見ると、減肉が発生したエルボ A の上流にある T 字管で流れが剥離して、このエルボの内壁は滞留水域に覆われている。一方、減肉を免れたエルボ B の上流ではテーパー管によって流れが滑らかに絞られていて、剥離も滞留水域もない。つまり、滞留水域があると FAC が発生し、それが無いと発生しない。結論として、エルボ B に減肉が発生しなかった事実は、滞留水域が FAC の発生原因であることを支持している。

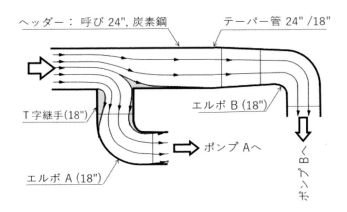

図 4-11　FAC が発生したエルボ A 内の流れ（概略図）

ただし、現場では炭素鋼配管系の全てのオリフィス板やT字継手の下流にFACが発生するわけではない。従って本事例のFAC発生には滞留水域の外に他の要因も関与している。

4 炭素鋼の腐食に対する温度の影響

4.1 炭素鋼のアノード溶出速さの温度依存性

図4-12に、炭素鋼の水中における腐食の進展速さ（アノード溶出速さ i_a で代表）に及ぼす温度の影響を模式的に示した。常温における直線部①では、炭素鋼表面は活性態であり、アノード溶出速さは温度と共に徐々に上昇する。これに対して高温における直線部③では炭素鋼表面は不動態となりほとんど腐食しない。このとき腐食の進展速さは実質的にはゼロとなるが、図ではその存在を示すためにこの温度域のアノード溶出速さに有限値を与えている。

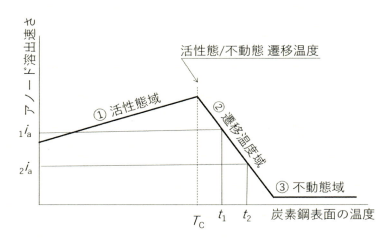

図 4-12 炭素鋼のアノード溶出速さの温度依存性（模式図）

活性態と不働態の中間にある直線部②では、アノード溶出速さが温度の上昇に伴って急激に低下する。以後はこの温度範囲を「遷移温度域」と呼ぶ。

この遷移温度域において、炭素鋼のアノード溶出速度が急激に低下する理由は、表面を覆う酸化物皮膜の組成が、低次のもの（例えば $Fe(OH)_2$）から安定な不動態皮膜を構成する高次のもの（Fe_2O_3）へと変化するためである。T_c は、活性態域と遷移温度域との接点の温度、すなわち「活性態/不動態 遷移温度」である（以後は遷移温度と呼ぶ）。

4.2 遷移温度域内における温度の格差

この遷移温度域内に温度の格差があると、局部腐食が発生する。つまり、図 4-12 の横軸上の温度の格差 $t_1 < t_2$ は、縦軸上のアノード溶出速さの格差 $_1i_a > _2i_a$ を引き起こす。そして、このアノード溶出速さの格差は、上の 2.2 項で述べたように、局部腐食が発生するための必要十分条件である。

この遷移温度域におけるアノード溶出速度の温度依存性の重要な特徴は、(1) 小さな温度差がアノード溶出速度の大きな格差へ増幅されること、(2) 温度の低い方が（図 4-12 の横軸で）、アノード溶出速さが大きくなる（同図の縦軸で）ことである。これらの特徴は、遷移温度域の勾配が大きく、しかも逆勾配（右肩下がり）になっていることに起因している。

4.3　遷移温度域内の温度格差に起因する局部腐食の発生事例

ある流動層ボイラーの炭素鋼製伝熱管の天部に、管軸方向に走る溝状の減肉が生じた。対策として、その場所の管外表面に施した耐摩耗性金属溶射層を厚くしたが全く効果はなく、同じ場所に再び溝が生じた（図 4-13）。

このトラブルが発生した原因は、この伝熱管の温度が先の図 4-12 の遷移温度域内にあり、それに加えて、管の内壁上で温度差が発生したことであるに違いない。具体的に言えば図 4-14 に示したように溶射層の熱伝導率は炭素鋼のそれに

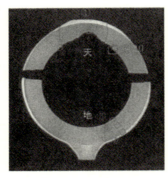 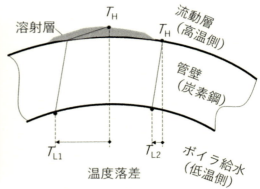

図 4-13 伝熱管の内壁面上に発生した局部的減肉

図 4-14 伝熱管の内壁面上の温度

比べて低いので、溶射層の下では流動層温度 T_H と管内壁上の温度 T_L の間の落差が大きい。同じ温度（T_H）からの落差が大きいということは、その場所の温度（T_{L1}）が周囲のそれ（T_{L2}）に比べて低かったということである（$T_{L1} < T_{L2}$）。この温度の格差が、上で説明した遷移温度域の特徴である「アノード溶出速さの逆転温度依存性」によって周囲より高いアノード溶出速さ（$_{L1}i_a > _{L2}i_a$）をもたらした。

　以上の遷移温度域内における局部腐食の発生機構説明によると、図 4-5 に示された FAC の特異な温度依存性は、FAC が遷移温度域内で発生した局部腐食であることを強く示唆している。もし、そうだとすると、逆に図 4-5 は、この遷移温度（正確には遷移温度域の中央の温度）が 130℃付近にあることを示している。

　しかし、ここで注意すべき点は、図 4-5 の縦軸が FAC の発生頻度であることである。これは発生確率のようなもので、その温度で必ず FAC が発生するということではない。つまり『遷移温度域は、FAC が発生するための必要条件であるが

十分条件ではない』ということである。
4.4　美浜原発の FAC の原因
　先に示した図 4-4 の事例では、同じ給水が流れる並列配管で、片方の配管系（A 系列）だけに FAC が発生し、もう一つの配管系（B 系列）には発生しなかった。その理由は次のように説明できる。
　これらの配管系が輸送するボイラー給水の温度は遷移温度域のそれより高く、管壁温度は不動態の温度域にあった。従って、B 系列で FAC が発生しなかったのは当然である。
　一方、A 系列には管サポートが設置されていた。この図には描かれていないが、通常の配管の外表面は厚い保温材で覆われている。しかし、この管サポートに繋がる支持棒には保温材が施されていなかったので、そこから放熱が起きて、その結果、管サポートが取り付けられていた箇所で管壁の温度が遷移温度域のそれまで下がった。つまり、管サポートの取り付け箇所に近い管壁の温度が低くなり、周囲の管壁温度との間で温度の格差が生じた。遷移域温度域内で温度差があれば温度の低い方の場所がマクロアノードとなって大きな速さでアノード溶出が起きるのは当然である。
　以上を纏めると美浜原発の FAC は、管サポートからの放熱によって配管の天井部が冷やされて周囲の管壁温度との間に格差が生じ、それが遷移温度域内であったためアノード溶出速さに格差が生じ、それが原因で生じた局部腐食であったと説明できる。

5　温度条件と流動条件の重畳

5.1　炭素鋼の不働態化に及ぼす溶存酸素濃度の影響
　先の第 3 節では、流れの滞留水域が局部腐食の発生に関与

することが明らかにされた。それに続く第4節では、炭素鋼の不働態化に起因する遷移温度域が炭素鋼の局部腐食発生に関与することが明らかにされた。一方、第1節ではFACの特徴として、腐食減肉の発生に関与する因子が多いことと、それらの因子の影響の大きさが他の因子に依存することが指摘されている。そこで本節では、炭素鋼の局部腐食の発生に関与する流動条件と温度条件がどのように相互に影響するか検討する。

温度因子と流動因子が相互に影響し合う可能性は、炭素鋼の不働態化が温度ばかりではなく溶存酸素濃度にも依存することに因る。炭素鋼の不働態化とは、先に3.1で述べたように、基本的には、その表面に緻密で安定な酸化物皮膜（不働態皮膜）が発生することである。不働態皮膜の組成は酸化数の高い安定な鉄酸化物（例えばFe_2O_3）であるので、炭素鋼の表面の溶存酸素濃度は、その不働態化に当然影響する。一口で言えば溶存酸素濃度が高いほど炭素鋼は不働態化し易い。

これを具体的に言えば、表面の溶存酸素濃度が高いほど不働態化温度が下がり、活性態/不働態 遷移温度 T_c（図4-12）は低温側へずれることになる。それに伴って遷移温度域も低温側へずれる。

5.2 遷移温度域に及ぼす滞留水域の影響

上記とは逆に、滞留水域は遷移温度域を高温側へずらす。何故なら、滞留水域は厚い拡散層であるので、滞留水域に覆われた金属表面の溶存酸素濃度は低いからである。この影響を図4-12に書き加えると図4-15が得られる。

この図4-15は、炭素鋼の管壁温度（例えば t_1）が遷移温度域内にあって、管内壁表面の一部が滞留水域に覆われていると、滞留水域の内外でアノード溶出速さの格差（$_1i_a$ と $_2i_a$）が拡大されることを示している。このように，遷移温度域で

第4章　温度の影響を受ける局部腐食

は管壁温度の格差ばかりでなく滞留水域が存在する場合にもアノード溶出速さに格差が生じて局部腐食が発生する。

さらに言えば、先の **3.5** で指摘したサリー原発の FAC 発生に関与した滞留水域以外のもう一つの要因とは、遷移温度域のことである。

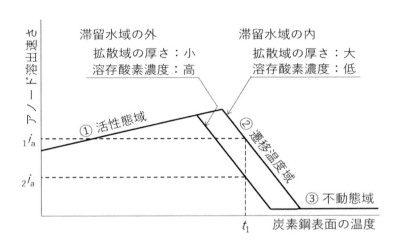

図 4-15　炭素鋼の遷移温度域に及ぼす滞留水域の影響

5.3　FAC の正体

局部腐食の形態から見ると、減肉が発生するのは滞留水域に覆われた場所である。滞留水域が管内壁面を広く覆っていれば広い範囲に減肉が発生する。また、広い範囲に周囲より温度の低い場所があればその広い範囲に減肉が発生する。これこそ **1.1** で述べた FAC の特徴である。つまり、FAC の正体はマクロセル腐食、すなわち局部腐食である。

腐食の発生機構から考えると、FAC 発生の根本的原因は炭素鋼の不動態化にある。具体的に言えば、先ず不動態化は、アノード溶出速さが温度の上昇に逆比例する遷移温度域を出現させる。次に、この遷移温度域は、流れの滞留水域によ

って高温側へずらされる。そのため同じ温度でも滞留水域の内外でアノード溶出速さに格差が発生し、その結果として局部腐食、すなわちFACが発生する。この「ずれ」の原因も不動態化温度が溶存酸素濃度に依存することにある。

　ここまで述べてきたように、局部腐食のモデル図とそのエバンスダイアグラムはFACの特徴的な挙動を明快に説明することができる。従って、炭素鋼配管に大きな破裂開口（図4-1および図4-2）を引き起こしたFACの正体は、『不動態由来の遷移温度域と、流れ由来の滞留水域が重なって発生した局部腐食』であると断言できる。

6. FACに対するpHの影響

6.1 プルベイ図
　図4-16は鉄金属のプルベイ図である。一般にプルベイ図

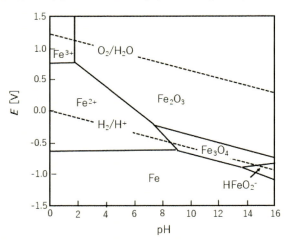

図 4-16　鉄金属のプルベイ図

第4章　温度の影響を受ける局部腐食

では、縦軸に金属の電位を、横軸に環境の水の pH をとり、水中で金属とそのイオンや酸化物が安定して存在する範囲を示している。この鉄金属のプルベイ図によると、縦軸の電位が高くなるにつれてより高い酸化数の鉄イオンや鉄酸化物が安定して存在する。一方、横軸のpHの影響については、pH が低いとイオンが安定であり、高いと化合物が安定である。

6.2　遷移温度域に及ぼす pH の影響

　上で述べたことは、不動態皮膜は鉄酸化物であるので pH が高いと不動態皮膜が生じ易いことを意味している。従って、炭素鋼が不動態化するような高温の環境では、pH が高いと遷移温度が低下することになる。すると、遷移温度域に対する pH の影響は図 4-17 のようになる。

　以下に、この図から、先の図 4-6 が得られときの状況を推察する。この図が実際に数種の鋼材について、試験液を取り換えながら、試験配管路に生じた減量を測定して得られたものであるなら、そのときの試験条件は、試験配管路内に滞留水域が存在し、水温は遷移温度域にあったに違いない。

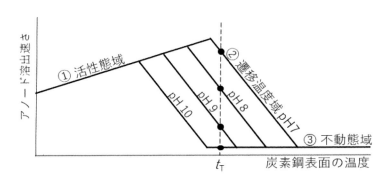

図 4-17　pH に依存する遷移温度域

　試験の手順としては、先ず pH 7 の試験液の温度をその温度（図 4-17 の t_T）に設定して質量損失速度（アノード溶出

速さに対応)を測定する。この条件では試片表面は遷移温度域内にあるので高い質量損失速度が測定される。つぎに、試験液を pH の高いものに取り換えて、しかし温度は t_T のままで試験を行うと、試片の質量損失速度は徐々に低下する（図 4-17 の黒点）。pH 9.5 では試片表面が不動態になり、質量損失速度は実質的に 0 となる。従って pH 9.5 の付近では図 4-6 にあるように急激に降下する。

　実際にこのような試験が行われたかどうか、あるいは現場のエンジニアの経験に基づいて作られたものかどうかは分からないが、むしろ注意すべきは、この図が現場とは異なる条件で得られたことである。つまりこの実験では、温度一定の下で試験液を取り換えて行われた。これに対して現場の管路では水温が連続的に上昇していくことはあってもpHが連続的に上昇していくことはあり得ない。

　現場では pH は一定で水温が変る。水温は常温から沸点まで徐々に上昇する。ボイラー給水のpHを12に設定しても、水温は遷移温度域まで上げざるを得ない。そのとき配管内に滞留水域や、管壁に温度の格差などがあれば必ず FAC が発生する。

　結論として、図 4-6 は現場の実機のそれとは異なった条件で得られたデータであるので実機の FAC 予防策に利用することは出来ない。

まとめ

　本章では、二つの要因が重なって FAC（流れ加速型腐食）を引き起こしていることを明らかにした。

　一つ目は、炭素鋼が不動態化するような高温に現れる遷移温度域である。この温度範囲では、発生する鉄酸化物の組成が温度によって大きく変化する。そのため管壁温度の小さな

格差でも管壁表面に発生する酸化物の組成に変化を引き起こし、延いては、その場所のアノード溶出速さに格差を発生させる。

　二つ目は、配管内のオリフィスやT字継手の下流に発生する滞留水域である。この水域では、溶存酸素が拡散によって管の内壁表面へ移動するので、その滞留水域すなわち拡散層の厚さによって、あるいは滞留水域の内外で管内壁表面上の溶存酸素濃度に格差が生じる。この格差は炭素鋼の壁面上に発生する酸化物の組成に、延いてはアノード溶出速さの格差を引き起こす。

　遷移温度域と滞留水域が重なると、アノード溶出速さに大きな格差が生じ、これが局部腐食を引き起こす。

参考文献
*Matsumura M. Flow Accelerated Corrosion (FAC) Occurring in Carbon Steel Pipes at Higher Temperatures. *Innovations in Corrosion and Materials Science*, Vol. 8, pp.68 - 80, 2018.

設問4
　炭素鋼配管内を流れる熱水のpHを調整してもFACの発生を防止することが出来ない理由を述べよ。

第5章　金属の腐食と電磁気学

はじめに

金属の腐食は、金属原子が自由電子を失ってイオンとなるプロセスである。これは酸化と呼ばれる電気化学反応であるので、腐食は主に電気化学で取り扱われる。しかし、この分野の知識だけでは説明し難い腐食の事象が見受けられる。

電磁気学は、電荷の間に働く力（クーロン力）から出発している。上記の自由電子もイオンも電荷を持つ粒子である。従って、電磁気学の目で金属の腐食を見れば腐食における諸現象が理解し易くなる筈である。

1　理解しにくい腐食に関する専門用語

1.1　電気伝導体と絶縁体

電気化学では「電食」が図 5-1 を用いて次のように説明されている。『直流電流が、電車のパンタグラフや直流モーター、車輪などを経て変電所へ帰る途中で、電気鉄道のレールから大地へ漏れて（漏れ電流）、それがレールと平行して埋設されたパイプラインへ侵入する。その後、パイプラインの管壁中を流れ、変電所に近い場所で再び地中へ漏れ出し、レールを経て変電所へ戻る。直流が大地へ漏れ出す場所で、パイプラインに大きな腐食減肉が発生する』。

上記の説明で最も理解しにくい点は、直流の「漏れ電流」が、絶縁体である大地中を流れると説明されていることである。確かに、大地は鉱物と湿分から成り、湿分はイオンを含

む水（電解質溶液）である。この説明では、イオンの移動で電荷が運ばれて大地中を電流が流れると考えているのかも知れない。

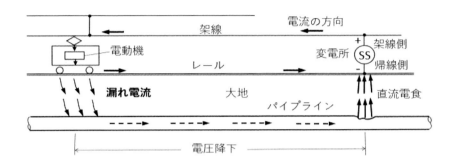

図 5-1　従来の「電食」と「漏れ電流」の説明

　これに対して電磁気学の立場からの見解は次の通りである。まず、電流は何が移動するのかによって直流と交流に分類される。直流は電荷の移動であり、自由電子（移動できる電荷）が存在しない物質中では直流は流れない。交流は電気エネルギ（電荷の振動）の移動であるので、自由電子がなくても振動できる電荷があれば交流は流れる。

　物質の側から見ると、物質は直流を通すか通さないかによって電気伝導体と絶縁体（不導体）に分けられる。金属は、自由に動くことが出来る電荷すなわち自由電子を持っていて直流を通すので電気伝導体である。これに対して鉱物は勿論のこと水も電解質溶液も絶縁体である。何故なら、水も、電解質溶液に含まれるイオンも、自由電子を持っていないので直流を通さないからである。要するに、絶縁体である純水や電解質溶液の中を直流が流れることはない。一方、交流は電荷の振動であるので電荷を持つ電解質溶液の中を流れる。

電気化学において、直流が電解質溶液中を流れ得るという誤解が発生した原因は、『電解質溶液の電気伝導率』というフレーズにあると推測される。本当に電流が流れないのであれば電気伝導率は存在しない筈である。この間違ったフレーズの出所は、電解質溶液の電気伝導率なるものが、電導度セルに交流を流して得られた測定値を、実効値を用いて直流のそれに換算するか、標準液（例えば純水）のそれを基準にした相対値として与えられているという事実にある。そして、逆に、電解質溶液の電気伝導率が交流を用いて決定されているというこの事実こそ、直流は電解質溶液中を流れないことの強固な証拠である。

1.2　現象の名称

電気化学における腐食とその周辺の分野には「漏れ電流」の他に「IRドロップ」、「過電圧」、「液間電位差」、「平衡電位上還元」、「平衡電位下酸化」など、不可解な用語や現象名が存在する。

これらは、未知の現象に遭遇した研究者が電気化学の知識ではその発生機構を説明できなかったので、その現象の状態をそのまま名付けたものに違いない。この推測が当たっているなら、電気化学の分野へ電磁気学の知識を取り入れたらこれらの諸現象の発生機構をうまく説明できるかも知れない。

その取り入れ口、すなわち電気化学と電磁気学の接点は、電気化学側では「平衡電位」に、電磁気学側では「電場」にある。前者では「自由電子」や「イオン」の自由エネルギが、後者では「電荷」の自由エネルギが取り扱われる。

2　平衡電位と電場

2.1　平衡電位

金属の腐食とは、金属を構成する原子が自由電子を失って

第5章　金属の腐食と電磁気学

イオンとなる電気化学反応である。原子が自由電子を失う反応は酸化反応であり、鉄金属の酸化反応を電気化学反応式に表すと次のようになる。

$$Fe \leftrightarrows Fe^{2+} + 2e^- \quad (5\text{-}1)$$

この電気化学反応は、酸化とは逆の方向、すなわちイオンが電子を獲得して金属原子へ戻る方向へも進むことが出来る。これは還元反応と呼ばれる。よって、上式は酸化還元可逆反応である。

可逆反応を酸化方向へ推し進めるのは、下の項で表される金属中の自由電子の自由エネルギであり、「電気的ポテンシャル」と呼ばれる。その指標は電位である。

$$n\,FE$$

ただし、n はイオンの価数 [-]、F はファラデー定数 [C/eq.]、E は電位 [V] である。

これに対して逆の方向、すなわち式 (5-1) の可逆反応を還元方向へ推し進めるのは、次項で与えられるイオンの自由エネルギであり、「化学ポテンシャル」と呼ばれる。

$$\mu^0 + RT\ln[M]$$

ただし、μ^0 は標準濃度におけるイオンの 1 モル当たりの自由エネルギ、R はガス定数 8.31 J/(K·mol)、T は絶対温度 [K]、$[M]$ は [mol/kg] で表したイオンの濃度（厳密にはイオンの活量）である。

さて、酸化還元可逆反応において、酸化方向と還元方向の反応速さが等しいときには、反応がどちらの方向へも進行しない。あるいは少なくとも見かけ上は停止しているように見

85

える。これが平衡状態である。このとき、それぞれの方向への反応の推進力は等しい。よって次式（ネルンストの式）が得られる。

$$nFE_0 = \mu^0 + RT\ln[M] \tag{5-2}$$

ただし、E_0 の添え字の 0 は平衡を表す。

イオンの濃度が 1 mol/kg の標準状態において、上式は

$$nFE_0{}^0 = \mu^0 \tag{5-3}$$

となる。ここで、$E_0{}^0$ は標準平衡電位である（標準電極電位と呼ぶ場合もある）。この標準平衡電位の高低は、いわゆる金属のイオン化傾向序列であり、μ^0 の熱力学的データ（生成熱など）から計算することができる。

2.2 電場

クーロンの法則によると、大きな電荷 Q と小さな電荷 q が、誘電率 ε の空間内で間隔 r の位置にあるとき、これらの電荷の間に働く力（クーロン力）F は、次式で与えられる。ただし、これらの電荷が異符号であれば引力、同符号であれば斥力である。

$$F = \frac{qQ}{4\pi\varepsilon r^2} \quad [\text{N}] \tag{5-4}$$

上式を次のように展開する。

$$F = q\frac{Q}{4\pi\varepsilon r^2} = q\boldsymbol{E}, \qquad \boldsymbol{E} = \frac{Q}{4\pi\varepsilon r^2} = \frac{(Q/\varepsilon)}{4\pi r^2} \tag{5-5}$$

上の前式は、大きな電荷 Q から距離 r 離れた場所に小さな電荷 q を置くと、この電荷に $q\boldsymbol{E}$ の力が働くことを示して

第5章　金属の腐食と電磁気学

いる。ここで q を単位の電荷とすると、それに働く力 F は $\boldsymbol{E}$ となる。すなわち $\boldsymbol{E}$ は単位の量の電荷に作用する力である。このような力が作用する空間を「電場」と呼ぶ。

電場の強さを可視化するために静電気力線が用いられる。これは正の電荷から負の電荷に向かう矢印で表される。Q クーロンの電荷からは Q/ε 本の静電気力線が全方向にむかって放射されていると規定すると、電場の強さはその位置における静電気力線の密度となる。

上記の電場の力 $\boldsymbol{E}$ に逆らって（電気力線に沿って）単位の電荷を距離 r 動かせば、単位の電流が流れたことになり、この電荷は電場内で位置のエネルギ $\boldsymbol{E}\,r$ を得たことになる。以後は、これを静電ポテンシャル（静電電位）と呼び、φ で表す。次元はボルト[V]である。つまり、電場内では電気力線に沿って電位が変わり、静電気力線に直角に等電位線が走る。

$$\varphi = \boldsymbol{E}r = \frac{Q}{4\pi\varepsilon r} \qquad [\text{V}] \qquad (5\text{-}6)$$

上式(5-6)に空間の誘電率（ε）が含まれる理由は、次のように説明できる。電磁気学で言う空間とは、電気化学では金属が置かれた環境である。例えば水を考えると、その分子では、負電荷が酸素原子側に、正電荷が水素原子側に偏り、水分子全体が双極子を形成している。そのため、水分子が電場内に置かれると、電気力の影響を受けて位置を変えることはないにしても回転したり変形したりする。これは、その物質が歪エネルギを得たことである。この歪エネルギは絶縁物質の構造に強く依存するが、電磁気学では絶縁物の分子構造は取り扱わないので、実測による補正係数のような形で位置のエネルギすなわち静電ポテンシャル（φ）に取り入れられている。これは、物体を液体中に浸けると、その物体に働く浮力が液体の密度に依存することに似ている。

2.3　電場の中の平衡電位

　電場内に置かれたイオンは、化学ポテンシャルに加えて上記の静電ポテンシャルを得る。これらはいずれも自由エネルギである。従って、電場内では平衡電位は次のようになる。

$$nFE_0 = \mu^0 + RT\ln[M] + \frac{Q}{4\pi\varepsilon r} \qquad (5\text{-}7)$$

　上式は、金属の酸化還元反応の平衡電位が、電場内ではその電場を形成する電荷の大きさ（Q）や電場内の位置（r）および環境の物性（ε）に依存することを示している。そしてこれは、電場が平衡電位に限らず酸化還元反応に重大な影響を与えることを意味している。

　例えば、平衡電位とは、その電位を境にして酸化反応と還元反応が交代する電位である。その平衡電位が勝手に変動すれば、期待していたのと逆方向の反応が発生したようにすら見える。先に述べた「平衡電位上還元」、「平衡電位下酸化」など、不可解な用語や現象名の出所はこの電場かも知れない。

　さらに重大な問題は、実験室や現場で広く用いられている種々の照合電極（塩化銀電極や硫酸銅電極など）に、いずれも平衡電位が利用されていることである。それらはむしろ平衡電位そのものであると言ってよい。従って、照合電極が示す基準電位が温度以外の因子によって変化するのであれば、それらはもはや照合電極としては役に立たない。

3　電場の平衡電位への影響

3.1　実験室で発生する電場

　図 5-2 の（1）に示したように、電解質溶液を満たした水槽に鉄金属試片と白金補助電極とを設置し、電源回路から方

第 5 章 金属の腐食と電磁気学

向や強さを変えて電圧をかける。そして、照合電極のキャピラリの位置を水平に移動させながらポテンショメータ（電位差計）を用いて試片電極の電位を測定すると、同図 (2) のような結果が得られる。従来、この現象は、キャピラリと試片の間にある電気抵抗 R の溶液に電流 I が流れて生じた電位差であると誤解され、それゆえに IR ドロップと呼ばれてきたが、ここで改めてその正体について考えてみよう。

この回路の目的は試片の電位の測定である。具体的には、試片の電位と照合電極の基準電位との格差を、ポテンショメータを用いて測定することである。このとき電圧を一定に保てば、その電流が電解質溶液中を流れるにしても流れないにしても、あるいは試片表面における電気化学反応に消費されるにしても消費されないにしても、とにかく試片の電位は一定の筈である。

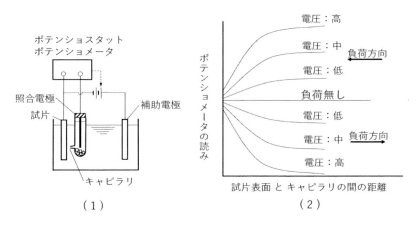

図 5-2　実験室における電場の影響

すると、ポテンショメータに表れた電位差の変化は、試片の電位の変化ではなく照合電極が示す電位の変化であると考えざるを得ない。さらに、照合電極は常に内蔵している電

89

極の平衡電位を示す機構になっているので、結局は照合電極の平衡電位が変化したことになる。そしてこの変化の原因は、すぐ近くにある試片電極と白金補助電極の電荷が形成した電場内で、照合電極の位置が変化したことに因る。

上記の内容を前節の式(5-7)を用いて説明すると、この照合電極の平衡電位 E_0 は、電場を形成している電荷 Q に比例し、そこからの距離 r に反比例して変化する。この水槽では回路電圧が電荷 Q に、「試片表面とキャピラリの間の距離」が r に対応する。

結論として、測定されたのは、試片電極と補助電極の間に形成された電場内において、電場の強さと、電場を形成する電荷からの距離の両方に依存して変化する照合電極の平衡電位（基準電位）の変化である。

3.2 現場で発生する電場

比較的最近に起きた事例として、ある工業地域の近くに設置された地中埋設パイプラインの電位が、空間的および時間的に激しく変動することが観測された[*]。パイプラインの全長は約 30 km、その間に約 150 か所のターミナルボックスが設置され、それぞれの場所におけるパイプラインの電位が飽和硫酸銅照合電極とポテンショメータによって 24 時間連続で測定され、データロガーに記録された（図 5-3 および 5-4）。

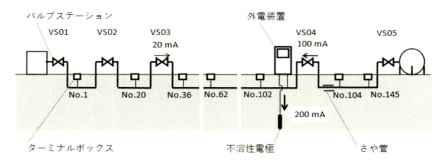

図 5-3　多数のターミナルボックスが装備されたパイプライン

第 5 章　金属の腐食と電磁気学

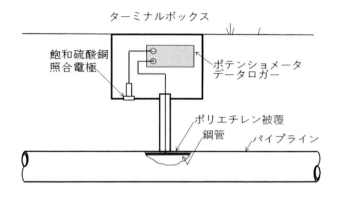

図 5-4　ターミナルボックスの構成

　パイプラインの途中を電気鉄道（1.5 kV）が横断しており（図では省略）、また、外電防食設備が設置されていた。このパイプラインの始点（図 5-3 の左方）はコンビナート内にあり、付近の工場では高圧の静電気を利用する電気集塵機や、静電塗装機が終日稼働していた。
　図 5-5 に、パイプラインの始点に最も近いターミナルボックス No.1 で測定された電位の時間的変化を示す。電位は、一日中 24 時間途絶えることなく激しく変動していて、電気鉄道の運行時刻表との関連は全く無かった。

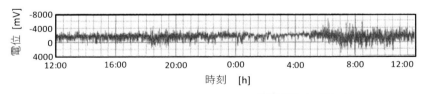

防食電位： -850 mV
過防食電位： -2500 mV

図 5-5　測定された電位の時間的変動

また、電位の変動の振幅は大きく、測定電位の最低は-8000 mV に達していた。この電位は、防食電位の-850 mV は勿論のこと、過防食電位の-2500 mV をはるかに超えている。
　図 5-6 は、ターミナルボックス No.1 の電位と他の地点の電位との相関である（グラフの横軸は共通して No.1 の電位）。注目すべきは、縦軸の電位の振幅は No.18 で最も大きく、そこから離れるにしたがって小さくなっていること、パイプラインの始点近くと終点近くとでは位相が逆転しているが振動は同期していることである。

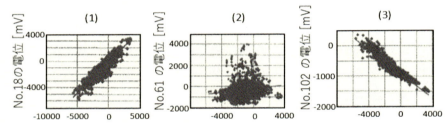

ターミナルボックスNo.1で測定された電位 [mV]

図 5-6　同期変動する各ターミナルボックス内の照合電極の電位

　上記の観察結果に、パイプラインは一つの連続した金属体であり、従って、その電位はパイプライン上の位置に依存することなく、また時間的にも一定でなければならないことを加えると、次の結論が得られる。
　(1) 測定された電位の変動はパイプラインのものではなくそれぞれの飽和硫酸銅照合電極の電位である。
　(2) 全ての照合電極の電位が同期して変動した理由は、パイプラインの始点付近にあった電気集塵機や静電塗装機に用いられていた静電気の電圧が高かったので（少なくとも数十万ボルト）、それらを中心にして強い電場が形成され、そ

の影響が少なくとも 30 km に及んだからである。

(3) 照合電極の電位が 24 時間連続して変動した理由は、集塵機や塗装機の中の少なくとも一つが昼夜連続して充電と放電を繰り返していたからである。

上に取り上げた実験室と現場の二つの測定によって、平衡電位を利用している照合電極の基準電位は電場内ではその影響を受けて変動すると断定できる。

4 電場が引き起こす局部腐食

4.1 局部腐食のモデル図とエバンスダイアグラム

図 5-7 は水中で進展する局部腐食（マクロセル腐食）のモデル、図 5-8 はそのエバンスダイアグラムである。これらの図において、腐食が進展している金属内を流れる電磁気的電流（直流）はマクロセル電流だけであり、アノード電流やカソード電流は金属や酸素の酸化還元反応の速さの次元 [mol/sec] を電流の次元 [A] に換算したものである。

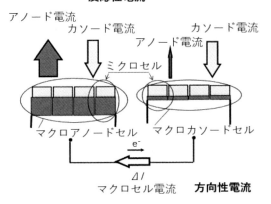

図 5-7 水中で進展する局部腐食（マクロセル腐食）のモデル

93

なお、このモデル図には描かれていないがマクロアノードセルとマクロカソードセルは互いに接続されていて、マクロセル電流が金属の外（環境）へ出入りすることはない。また、マクロカソードセルとマクロアノードセルの間に電位差はないと考えている。

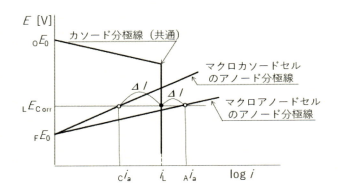

図 5-8　局部腐食のエバンスダイアグラム

　これら二つの図を用いて、これまでに静止水中の水線腐食（第2章）、流動水中のエロージョン・コロージョン（第3章）および高温水中の流れ加速型腐食（第4章）の発生と進展の機構を説明することが出来た。
　これらの局部腐食の発生に共通する因子は、二つのマクロセルの間におけるアノード電流（アノード溶出速さ）の大きさの格差である。つまり、局部腐食は、金属原子がイオンとなって溶出する速さが場所によって異なるという条件で発生する。

4.2　平衡電位の格差が引き起こすアノード溶出速さの格差

　上に述べた局部腐食の発生原因となるアノード溶出速さの格差は、電気化学反応の速さや物質移動速度に格差が無くても、あるいはアノード分極線の勾配に格差が無くても、金

第5章　金属の腐食と電磁気学

属表面の場所によって平衡電位が異なると引き起こされる。

例えば、電場の中に水平に置かれた一本の長い金属棒を考える。電場の中心はこの棒の左側の離れた場所にある。この棒の表面で腐食が起きるとき、その表面で進展する酸化還元反応の平衡電位は、式(5-7)に従って静電ポテンシャルを得て変化する。その変化の大きさは電場の中心からの距離に応じて異なる。いま、金属棒の両端に場所1と場所2を、その中間点に場所 N を考えると、図 5-9 に示すように、それらの場所の間で平衡電位の格差が発生する（E_{01} と E_{02}）。ただし、電場の中心に近い場所1では、中心から遠く離れた場所2に比べて大きな変化が生じる。一方、カソード分極線でもアノード分極線でも、分極線の勾配は変化しない。また、酸素拡散限界電流 i_L の位置も変わらない。

しかし、この金属棒の電位（腐食電位 E_{Corr}）は、中間点 N のアノード分極線がカソード分極線と交差する点の電位である。そして、それぞれのアノード分極線がこの腐食電位に到達するときのアノード電流値は相違する。（$_1i_a$ と $_2i_a$）。

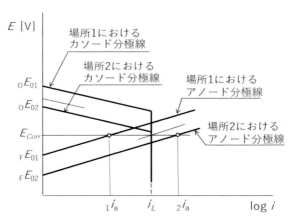

図 5-9　平衡電位の格差によって発生する局部腐食（中間点 N における分極線は省略）

これはアノード溶出速さに格差が出現することであり、マクロセルが形成されるための必要十分条件が満足されたということである。このようにして平衡電位の低い場所2がマクロアノードセルとなり、そこでは大きなアノード溶出速さ $_2i_a$ で減肉が進む。

4.3　電場の中の静電ポテンシャルの分布

図5-10下は、直流電鉄の近くに埋設されているパイプラインである。この電鉄のトロリー線と電車のパンタグラフとの接点でスパークが起きると、単一符号の大きな電荷が発生し、そこから静電気力線が放射されて周囲に電場が形成される。

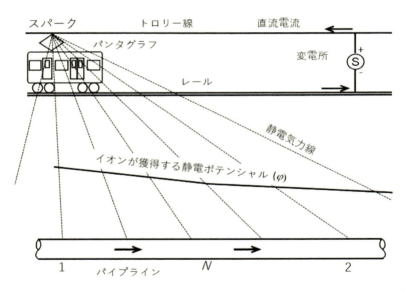

図 5-10　パイプライン付近のイオンが獲得する静電ポテンシャル(φ)の分布（$1/r$ 曲線を2本の直線で近似）

すると、この電場内に存在する電荷、例えば鉄イオンや水酸化物イオンなどが静電ポテンシャルφを獲得する。ただし、φの大きさは電場の中心からの距離によって異なるので

第 5 章 金属の腐食と電磁気学

（式 (5-6)）、スパーク（電場の中心）からの距離によって獲得する静電ポテンシャルの大きさが異なる。電場の中心に近い場所では静電ポテンシャルが高く、それより遠い場所（の r が大きい場所）では静電ポテンシャルが低い（図 5-10 ではこの $1/r$ 曲線を 2 本の直線で近似）。

式(5-7)によると、電場内の平衡電位は化学ポテンシャルに静電ポテンシャルが追加されたものである。しかし化学ポテンシャルには分布がないので、平衡電位の分布は静電ポテンシャルの分布と平行になる。つまり、「鉄金属 ⇆ 鉄イオン」や「溶存酸素 ⇆ 水酸化物イオン」などの酸化還元可逆反応の平衡電位である $_OE_0$ や $_FE_0$ の分布は、図 5-10 の静電ポテンシャルの分布と同じである。つまり図 5-11 に示すように電場の中心に近い地点 1 では $_OE_0$ や $_FE_0$ が高く、中心から離れた地点 2 では低い（地点 N は中間点）。その結果、パイプライン上の地点 1 ではアノード電流 i_a が酸素拡散限界電流 i_L より小さく、地点 2 ではアノード電流 i_a の方が大きい。つまりマクロセル形成の原因となるアノード電流の格差が生じる。

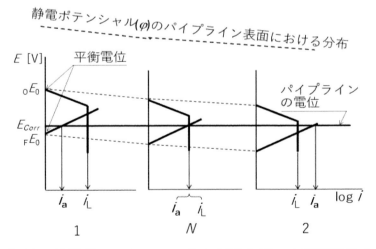

図 5-11　静電ポテンシャルの分布が引き起こす平衡電位の分布

これは、マクロアノードとマクロカソードとの間に明確な境界線はないものの、図5-9と同様に局部腐食（マクロセル腐食）が発生した状態であると認められる。このとき図5-10のマクロカソードに対応する地点 1 からマクロアノードに対応する地点 2 へ向かって流れる直流はマクロセル電流である。

4.4　電食モデルと局部腐食モデルの比較

　上の電場による局部腐食の発生機構説明は、従来の「漏れ電流」による「電食」の機構説明（図5-1）と、次の2点で大きく異なる。

　先ず、電場による機構説明ではパイプラインの近くに変電所がなくても、またパイプラインと電気鉄道が平行ではなく直交していても、その交差点から遠く離れた場所で腐食減肉が発生することを示している。現場では実際にそのような場所に減肉が発生することが起きていて、その発生メカニズムを認識することなく、これを「押し出し電食」と呼んでいる。

　次に、さらに重要な相違点として、電場による機構説明には大地中を流れる直流電流は出てこない。これは、いわゆる「漏れ電流」は存在しないとする見解の有力な根拠となる。

　しかし、残念ながら図5-10は、いわゆる「漏れ電流」が存在しないことを証明しているのではなく、いわゆる「漏れ電流」が存在しなくても「電食」が起きることを述べているに過ぎない。科学では、何であれ、それが存在しないことを証明することは出来ない。

まとめ

　比較的大きな電荷からは、その大きさに比例して多数の静電気力線が放射され、周囲にはその環境（絶縁体）の特性（誘電率）に応じて電場が形成される。電場内の比較的小さな電荷（イオン）は、この大きな電荷からの距離に応じて位置の

第 5 章　金属の腐食と電磁気学

エネルギ（静電ポテンシャル）を得る。

　環境中のイオンの静電ポテンシャルが変ると、その環境中に置かれた金属の酸化還元反応の平衡電位が変わる。また、連続した一つの金属の表面上で平衡電位に格差があるとマクロセル腐食（局部腐食）が発生する。これが、いわゆる「電食」の正体である。

追記　電気回路と腐食モデル

1　電気回路とキルヒホッフの法則

　電気回路は、『電気抵抗、コンデンサ、スイッチなどの電気的素子が電気伝導体でつながった電流のループ（回路）』と定義される。これは熱力学で言う「場の設定」である。電気回路に関するキルヒホッフの第一法則は、『電気回路の任意の分岐点に流れ込む電流の和は、そこから流れ出る電流の和に等しい』であり、これは電気回路内の電流についての保存則（熱力学第一法則）である。

　キルヒホッフの第二法則は、『電気回路の任意の一回りの閉じた経路において電位差の和はゼロ』である。これは、電気回路内のエネルギ保存則を電位差（電圧）で表したものであり、電流が流れていなくても電位差がバランスしていれば電気回路として成立することを述べている。

2　電気回路の構造と分類

　身近にある電気回路（図 5-12）は、電流を目的としてキルヒホフ第一法則に従うものと、電位差（電圧）を目的として同第二法則に従うものに分けられる。前者には、電解めっきやダニエル電池がある。後者には、外部電源防食や、照合電極を用いた電位測定回路がある。コンデンサは電気的素子であるが電気回路と看做せば両方のグループに属している。

これらの電気回路に共通していることは、その構造である。いずれも絶縁体（誘電体）の中に電気的につながった2本の金属電極（伝導体）が浸かっている。また、これらの回路では共通する規則として、以下の二つがある。
（1）　絶縁体は直流を通さないが、電圧（電位差）を伝える。
（2）　金属電極は直流を通すが、電圧（電位差）は発生しない。

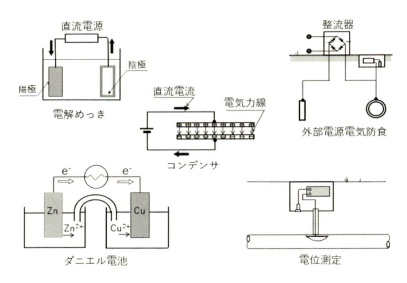

図 5-12　2本の電極と絶縁体から構成される電気回路

3　電気回路とマクロセル腐食モデル

　マクロセルモデルのマクロアノードとマクロカソードは同じ金属の導線で結ばれた2本の電極であり、それが絶縁体中に置かれていると考えれば、マクロセルの構造は図 5-12 の電気回路のそれらと同じである。
　従って、上記の規則(1)により、マクロセル腐食モデルの環境液の中を直流が流れていないのは当然である。

また、上記の電気回路に共通する規則(2)の『回路内の金属電極は直流を通すが、電圧（電位差）は発生しない』は、図5-7のマクロセル腐食モデルにおいて、マクロセル電流が流れているにも関わらず、局部腐食のエバンスダイアグラム（図5-8）において二つのマクロセルが一つの同じ電位（$_\text{L}E_\text{Corr}$）にあること、すなわち電位差が発生しないことに対応している。

　次に、実際の金属電極の電気抵抗を求めてみる。例えば、図5-3で引用した全長30 kmのパイプラインに1 A/m^2（減肉速度約1 mm/yに相当）の電流を流したときに生じる電圧降下は、たかだか4 mVである**。これに対して電場の影響は数千mVにも達している。つまり、実機においてもオーム損による電圧降下は無視できる。

　以上のことから、電磁気学の諸法則が支配する電気回路における自由電子の挙動（直流の電流）や、電荷を持つ微粒子（イオン）の挙動は、図5-7に示した局部腐食（マクロセル腐食）のモデルにおけるそれらの挙動と矛盾しない。具体的に言えば、マクロアノードセルとマクロカソードセルが同電位であることと、それでいて直流のマクロセル電流が両セル間を流れること（両セルの境界を横断して流れること）は実質的に両立し得る。

参考文献

*Matsumura M. Electrolytic Corrosion Due to Electric Fields. *Materials Science*, Vol. 17, pp. 38 - 45, 2017.

**松村昌信：「漏れ電流は本当に存在しないのか」、第56回中部・関西電食防止合同研究発表会要旨、大阪、平成26年（2014）11月

設問 5
　電鉄のレールの付近に埋設された地中ガソリンタンクにいわゆる電食が発生しない理由を述べよ。

第6章　局部腐食の再発防止法

はじめに

　本書では、ここまで『局部腐食はなぜ起きるのか』をテーマに掲げ、局部腐食のモデルとエバンスダイアグラムを解析手段として用いて、銅合金および炭素鋼の静止水、流動水、高温水および大地中における局部腐食の発生機構を追究してきた。そこから得られた多くの知見に基づいてこれらの工業用金属材料の腐食挙動について次の二つの結論に達した。

1. 局部腐食の発生は、諸条件の格差に因る。
2. 局部腐食による減肉の速度を最終的に決めるのは、腐食面積である。

　これらの結論によると、局部腐食の再発を防ぐには、関与する格差が発生する条件や状況を回避、あるいは排除すればよいことになる。そこで、これを「格差排除防食法」と呼び、先ず、結論1の正当性を、腐食の常識すなわち広く認識されている腐食の事象に基づいて検証する。次いで、これらの結論に関係する現場の局部腐食事例を取り上げて、この防食法に従って具体的な再発防止対策を提示する。

1　格差排除防食法の正当性

　一般に広く知られた腐食の事象として、『鏡面研磨された金属表面には腐食が発生しない』と、『全面均一腐食は存在

しない』という通説がある。どちらも否定形であるが、もし仮に鏡面研磨された金属表面が腐食するとすれば、その形態は全面均一腐食である。従って、これらの事象は、『全面均一腐食は存在しない』に集約することができる。そこで以下に、全面均一腐食が存在しない理由は、格差が無いためであることを明らかにする。

　腐食のモデル図において、局部腐食と全面均一腐食とを比較すると図 6-1 のようになる。また、エバンスダイアグラムにおいて両者を比較すると図 6-2 のようになる。どちらの比較においても全面均一腐食のそれにはマクロセル電流が存在していないことが認められる。このマクロセル電流は、鉄金属の腐食を例に採り上げると、下記の電気化学反応の進展によって流れる方向性電流（電位の高い場所から低い場所へ向かって流れる直流の電流）である。

$$Fe + (1/2)O_2 + H_2O \leftrightarrows Fe^{2+} + 2OH^-$$

従ってマクロセル電流が無いことは、この反応が進展しないことを意味する。

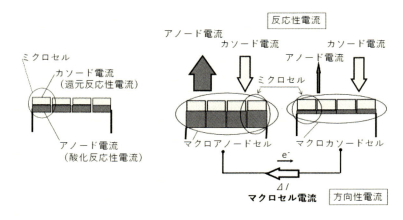

図 6-1　全面均一腐食のモデル（左）と局部腐食のモデル（右）

第6章　局部腐食の再発防止法

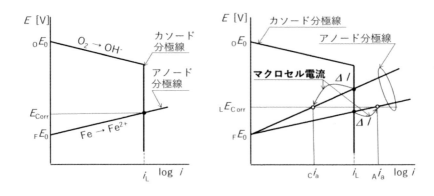

図6-2　全面均一腐食（左）と局部腐食（右）のエバンスダイアグラム

　一般に、上記のような化学反応が進展するためには、反応物（出発物質）が活性化エネルギを獲得する必要がある。それには温度を上げるか、あるいは触媒を用いて活性化エネルギの方を低下させなければならない。しかし通常の環境ではこれらのどちらも起こらない。従って、常温で触媒の無い通常の環境で鏡面研磨金属表面に腐食が発生しないこと、すなわち全面均一腐食が存在しないことは当然のことである。

　翻って、局部腐食はなぜ通常の環境条件で進展するのであろうか。それに対する解答は「格差」である。自然界では格差が無くなる方向へ変化する。例えば、温水と冷水を混合すると同温の水となる。これは熱力学の第二法則である。

　図6-2を見ると、マクロセル電流は二つの全面均一腐食の腐食電位 E_{Corr} が一つの腐食電位 $_LE_{Corr}$ へ移ることによって発生している。この挙動は上記の熱力学第二法則に沿っている。

　結論として、全面均一腐食は格差が無いので進展しないが局部腐食は格差があるので進展する。従って、腐食の原因となっている格差を回避あるいは排除すれば、局部腐食の発生を防止できることは当然のことになる。

105

2 格差排除防食法に基づく局部腐食の再発防止策

2.1 炭素鋼配管のFAC（流れ加速型腐食）

事例： 140℃の純水を輸送する炭素鋼の配管に設置された流量測定用フローノズルの下流の管壁が、運転時間18年で噴破して四角形の貫通孔が生じた（図6-3）。

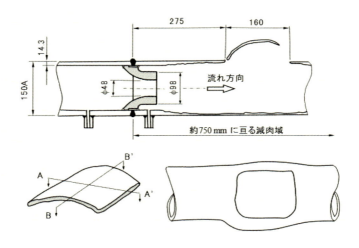

図6-3 炭素鋼製配管に発生したFAC（流れ加速型腐食）

診断： この事例では、二つの腐食事象が発生している。第一の事象は管の膨れである。その原因は次の通りである。
・オリフィスやノズルの下流には、それらの大きさに応じて大小の滞留水域が発生する（図4-9）。
・滞留水域内では溶存酸素が拡散によって移動するので厚い滞留水域に覆われた管内壁表面上の溶存酸素濃度は他

第 6 章　局部腐食の再発防止法

の場所に比べて低くなる（図 4-10）。
　・管内壁上の溶存酸素濃度が低いと酸化生成物は粗雑になるので、その場所のアノード溶出速さは他の場所に比べて大きい（第 4 章 3.3）。
　・アノード溶出速さに格差があるとマクロセルが生成し、マクロアノード部で減肉が大きく進む。ただし、減肉速度は腐食面積が広いほど低い。
　上記が、ノズルの下流の約 750 mm に亘る広い範囲に、減肉が 18 年をかけて徐々に成長した理由である。減肉はほぼ均一に発生したので、内圧を受ける薄肉円筒と同じ状態となり、その場所の管径が膨張した。
　次に、噴破の原因は次のように説明できる。
　・この場所では、運転開始後しばらくは、毎年の定期検査の際に管外壁を覆っていた保温材を全て剥がして超音波肉厚検査を行っていたが、その後は省力化のために保温材を四角形に切り取って管外表面の一部だけを露出させ、そこで超音波肉厚計を用いて管壁の肉厚を監視していた。測定時以外の通常時には保温材の蓋を置いていたが、蓋の周辺部と保温材の開口部との間に隙間があり、そこから放熱が起きたため、細い紐状の四角形で周囲より温度が低くなった。
　・この炭素鋼管の温度は遷移温度域にあったので、アノード溶出速さは温度の低い場所の方が大きかった（図 4-12）。
　・それに加えて、局部腐食の減肉速度は腐食面積に依る（本章の結論 2）ので、四角形の減肉が前述の広い範囲の減肉のそれより高い速度で進展して管壁を貫通した。
　一口で言えば、サリー原発型 FAC に美浜原発型 FAC が重なって発生した。
　腐食予防法：　FAC に対処できる確実な予防法はない。ボイラー給水の溶存酸素濃度を 10 ppb 以下に下げても滞留水域に接する管壁面上の溶存酸素濃度の格差は変わらない。具

107

体的に言えば図 4-10 の C_M（主流域の溶存酸素濃度）を下げても C_1 と C_2 の間の格差は変わらない。

pH を 12 に調整しても、遷移温度域の温度範囲が変わるだけであり、その温度範囲内にアノード溶出速さの格差ができれば FAC は発生する。

また、ボイラー給水に電気伝導率が極端に低い超純水を用いても FAC は起きる。何故なら、マクロセル電流（方向性電流）は管壁中を流れているのであって、環境水中（ボイラー給水）を流れているわけではない。

さらに、腐食防止に関しては言わば心理的拘束がある。それは、一般に腐食を防止するためには温度を下げ、流速を下げるのが常識となっていることである。ところがこの常識は逆に FAC を引き起こす。何故なら FAC は周囲より温度の低い場所に（図 4-12 の t_1 と $_1i_a$）、また、流速が低い滞留水域に発生する。これらの挙動は全く一般の腐食（全面均一腐食）の常識に反している。

この心理的拘束の実例が図 4-10, 11 である。減肉の再発を免れるため溶射層を厚くして管壁温度を下げることを何度も繰り返したが、いつもその同じ場所に減肉が発生した。

再発防止策： 基本的には格差を排除する。具体的には、管壁温度が 130℃付近になる場所では滞留水域の発生を避ける。そのためには管路にオリフィスやノズル、T 字管を設置しない。管路に温度センサーを突き出さない。

温度分布に格差が生じないように管サポート、ドレン抜き枝管などを設置しない。

この外、何かと問題の多い超音波肉厚検査に換えて「知らせ穴」（図 6-4 に示すような管外表面から一定の深さに開けられた小穴）を設置する。過去に配管の噴破を引き起こした広い面積の減肉は、進展速さが低い上に均一に発生した。従って数少ない知らせ穴でよい。また、知らせ穴に感知されな

いような小さな腐食穴が管壁を貫通しても、管の破断を引き起こすような重大な被害は発生しない。

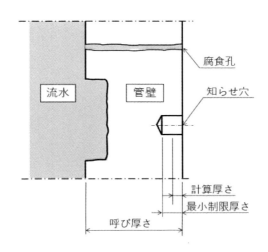

図 6-4　最小制限厚さに到達した減肉を検知する知らせ穴

2.2　炭素鋼配管に発生するエロージョン - コロージョン

事例：　濃硫酸(98%,30℃)を流速 25～35 cm/s で輸送する炭素鋼(JIS SGP)に、使用期間約 3 年（間欠送液：実働 1/15～1/20 の期間）で腐食貫通孔が発生した（図 6-5）。

診断：　炭素鋼は、通常の条件下では濃硫酸に耐える。その理由は、炭素鋼表面が酸素より強力な濃硫酸の酸化力によって不働態化されているからである*。この不働態が保持されるためには SO_4^{2-} イオンの供給が必要である。

本事例で管壁に貫通孔が発生したのは、当該のエルボ管と直管の溶接のとき生じた内面ビード（裏波）がそのまま残っていたためである。この内壁面の盛り上がり部で濃硫酸の流れ

が剥離して固定渦が生じた。剥離箇所の下流の管壁表面が固定渦すなわち滞留流域で覆われ、隣接の表面との間に硫酸イオン濃度の格差が発生した。そして、この格差のため滞留流域をマクロアノード、周囲をマクロカソードとするマクロセル腐食（局部腐食）が発生した。

図 6-5　濃硫酸を輸送する炭素鋼製配管に生じたエロージョン-コロージョン

　再発防止策：　ベンド管の内面ビードを削除する。あるいは継ぎ目のないベンド管を用いる。

2.3　コンクリート壁面に埋め込まれた防食塗装鋼管製棒杭の根本に発生した局部腐食

　事例：　図6-6は、ある大学校舎のピロティのコンクリート側壁に設置されている手摺の写真である。右側の青灰色の手摺は、防食塗装された L 字型の矩形鋼管の一端をコンクリート壁の側面に埋め込み、他端を同じ矩形鋼管で連結したものである。この構造の手摺は、建設当初は広いピロティの側壁の全てに設置されていたが、一年足らずの内に L 字鋼杭の根本（コンクリート壁表面と鋼杭表面の接触線）に腐食が発生し、腐食減肉が矩形鋼管の管壁を貫通して手摺全体が

第 6 章　局部腐食の再発防止法

脱落する恐れのある箇所が方々に生じた。そこで大部分の手摺は、L字鋼杭の根本を切断して除去し、新しくステンレス鋼製の手摺をコンクリート壁の上面に設置せざるを得なかった（写真左側の金属光沢のある手摺、その下のコンクリート壁の側面にある色違いの箇所はL字鋼杭を切断除去した跡）。

図 6-6　コンクリート壁に埋め込まれた鋼製手摺（左手前：新しいもの、右奥：従来のもの）

診断：　このL字鋼杭の根本で腐食が急速に進展した理由は、次のように説明できる。夏季の気温上昇によって手摺の長い横棒部が水平方向へ膨張した。それがL字鋼杭を壁に沿って平行な方向へ押した為に、片持ち梁の支点に対応する根本に曲げ応力が生じた。その結果、その場所の防食塗装面に杭軸方向と直角にひび割れが走り、金属表面が露出した。これによって鋼杭の表面の状態に格差が発生して、ひび割れの底面をマクロアノード、その他の表面をマクロカソードと

するマクロセル腐食（局部腐食）が発生した。マクロアノードとなったひび割れの面積はその他の面積に比較して著しく狭かったので、面積比効果、すなわち本章の結論2によって高い減肉速度で腐食が進み、この腐食溝が矩形管壁を貫通し、終には手摺を短時間で脱落させた。

　なお、写真右奥の青灰色の手摺は、その後数十年を経ても全く変わりなく、脱落するような様子はなかった。これは手摺の横棒部が湾曲していたため、そこでは熱膨張による伸び変形が吸収されて鋼杭の根本に曲げ荷重が負荷されなかったためである。

　再発防止策：　本事例の手摺と一般の電柱とでは対策法が異なる。本事例の手摺では横棒部を短く区分けすることによって熱膨張による変形を小さくし、L字鋼杭の根本に曲げ荷重が負荷されないようにする。

　一般の防食塗装された金属製の電柱がその根本に発生する腐食によって短期間で倒壊する事故の原因は、本事例と同じである。これらの事例と類似の事故を防止するには、電柱の頂点をワイヤーによって電線と直角方向に支持し、強風などによって棒杭の根本に曲げ応力が発生することがないようにする。

2.4　地中埋設パイプラインのいわゆる電食

　事例：　あるコンビナートの近くに設置された全長約 30 km の液化天然ガス輸送パイプラインにおいて、約 200 m 毎に約 150 か所のターミナルボックス（TB）が設置され（図 6-7）、それぞれの場所におけるパイプラインの電位が飽和硫酸銅照合電極とポテンショメータによって 24 時間連続で測定された。データロガーに記録された各場所の電位は同期して時間的に激しく変動しており、その平均値は場所によって変化した（図 6-8）。

第6章　局部腐食の再発防止法

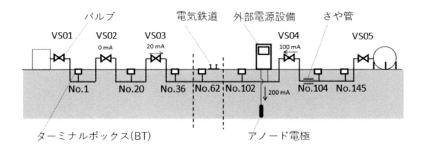

図 6-7　パイプラインの構成

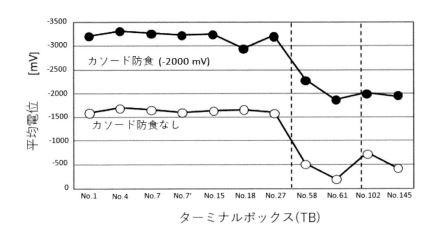

図 6-8　それぞれの場所（TB）における時間平均電位の分布

診断：　各ターミナルボックスで記録された電位は、パイプライン（炭素鋼）の電位と照合電極の Cu^{2+}/Cu 平衡電位との電位差である。パイプラインの電位は場所に依らず一定であるので図 6-8 の電位分布は結局 Cu^{2+}/Cu 平衡電位の分布で

113

ある。この平衡電位が場所によって変化したのは、照合電極内の銅イオンが、コンビナート内の大きな電荷（電気集塵器など）を中心にして形成された強い電場内で、この電荷からの距離に応じて異なる大きさの静電ポテンシャルを得たためである。

　Cu^{2+}イオンと同様に、パイプラインが埋設されている土壌に含まれるFe^{2+}イオンやOH^-イオンも、場所に依って異なる大きさの静電ポテンシャルを得る。すると、パイプラインの炭素鋼の電位は変化しないものの、Fe^{2+}/Fe平衡電位や水酸化物イオンのOH^-/O_2平衡電位が変化し、図6-8と同じような分布となる。パイプの両端ではこれらの平衡電位に大きな格差が存在し、第5章図5-11の機構によってマクロセルが形成されてマクロセル電流が流れ、パイプラインの終点付近に減肉が発生する可能性がある。

　電食発生防止対策：　一般に液化天然ガス輸送パイプラインに用いられている鋼管では、管外壁表面は分厚いポリエチレンライニング層で、内壁表面は天然ガスによって均一に覆われている。従って、管の内外表面の酸素濃度は0であり、分布や格差はない。従って、局部腐食は発生しない。

　しかし、大きな電場中においては、ライニングの外傷事故などによって、管外壁面が平衡電位の異なる鉄イオンや水酸化物イオンに接触し、いわゆる電食が発生する可能性がある。

　それに備えて、5基のバルブステーションにおいて、バルブとパイプライン配管を絶縁継手で接続する。この処理によって、全長150kmのパイプラインは4区間のブロックに分割される。各ブロックの両端における平衡電位の格差は、分割前のそれの1/4程度に低減され、マクロセル電流も、それによる減肉も低減される。

2.5　析出残渣スケールに覆われた炭素鋼管内壁面に発生した局部腐食[**]

第6章　局部腐食の再発防止法

事例：　重油間接脱硫プラントのフローシートを図 6-9 に示す。水添脱硫反応塔 RT-101 の下部からの気液混合流体は、反応物凝縮器（フィン管空冷式熱交換器）HE-105 を経て高圧分離槽 VE-102 へ送られる。その途中で、機器や配管などへのスケール等の付着を防止するため、反応物凝縮器 HE-105 の上流側に水が注入されている。

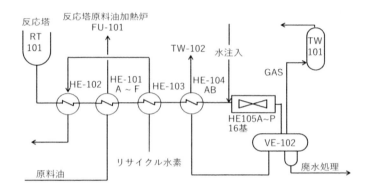

図 6-9　重油間接脱硫プラントのフローシート

この反応物凝縮器 HE-105 の入り口、出口におけるプロセス流体の組成および性状は次の通りである。

入口：気相：水素 70%, 炭化水素 25%, 硫化水素 3%
　　　液相：水 79%, 軽質油 16%, 硫化水素 4%
出口：気相：水素 71%, 炭化水素 25%, 硫化水素 3%
　　　液相：水 54%, 軽質油 40%, 硫化水素 3%
圧力：87 kg/cm^{2}G, 温度：100℃（入口）、44℃（出口）

この脱硫プラントでは稼働開始から10年後にプロセスの改修によって水注入量が大幅に減少したが、その3年後に事故が発生した。

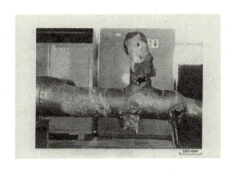
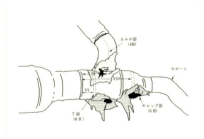

図6-10 噴破が起きた出口ヘッダー　　図6-11 出口ヘッダーのスケッチ

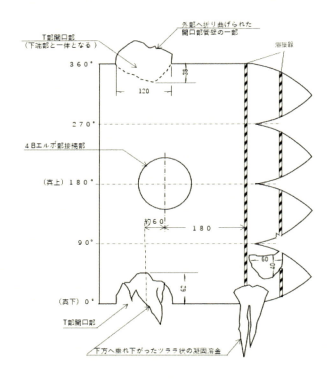

図6-12 噴破が起きた出口ヘッダーの展開図

116

第6章　局部腐食の再発防止法

　高さ約 8m に設置されている反応物凝縮器 HE-105 の出口ヘッダーで突然噴破が起こり、大量の水素ガスが下方向へ噴出され、静電気によって着火、爆発、火災が発生した。

　当該ヘッダーの鎮火後の外観（図 6-10）、スケッチ（図 6-11）および展開図（図 6-12）を示す。出口ヘッダーはエルボや T 字管、キャップから構成されており、材質はいずれも炭素鋼（JIS STPG,SB）である。なお、図 6-11 で下方へ垂れ下がったツララ状凝固溶金は、ヘッダー内に存在していた硫化鉄が火災時の熱で溶融したものである。

　診断：　管径の変化などの観察や測定によると、最初に噴破したのは出口ヘッダーのキャップ部の破口である。エルボ部、T 部の破口は、発災後に噴出した気、液、固体混合流体の衝突や、火災時の高温によって材料の強度が低下したために二次的に発生したものである。

　出口ヘッダー内の混合流体の流動状態を把握するため実物大の模型（透明アクリル樹脂製）を作成し、硫化鉄粉末を添加してその挙動を観察したところ、粉末粒子は図 6-13 に示すようにキャップ部の破口の位置に堆積した。

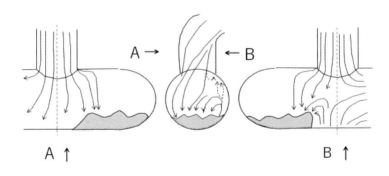

図 6-13　可視化実験による出口ヘッダー内の硫化鉄
　　　　　粉末の堆積状態

　配管の内壁面上の堆積物は、滞留水域と同じように、溶存

酸素の拡散移動を妨げて、その下の管内表面とその周辺の表面との間に溶存酸素濃度の格差を発生させる。そのため、堆積物に覆われた表面をマクロアノードとするマクロセル腐食（局部腐食）が発生し、高い速度で減肉が進んだと推察される。

　事故再発防止対策：　硫化鉄粒子が堆積し易い行き止まり管路に換えて、エルボやベンドからなる管路を用いる。管路内に固形物が堆積しないように十分な水注入を行う。

参考文献
*吉江健三：　材料と環境、**41**, pp. 777 - 779（1962）
**日本鉱業(株)水島製油所重油間接脱硫装置　爆発事故調査報告書；中国通商産業局、岡山県：平成元年9月

設問6
　触媒によって常温で発生する全面均一腐食の事例、高温で発生する全面均一腐食の事例を挙げよ。

結

FACについて

炭素鋼の不動態化温度の近くには（130℃付近）、温度の上昇に伴ってアノード溶出速さ [mol/h] が急激に低下する「遷移温度域」がある。この温度域に、温度の格差や滞留水域があると、局部腐食（FAC）が起きる。

その理由は、この遷移温度域内では炭素鋼の表面に発生する酸化生成物の組成が、延いては腐食に対する保護性が急激に変化するためである。そのため、僅かな温度の格差でもアノード溶出速さの大きな格差を引き起こし、この格差が局部腐食を引き起こす。

また、この遷移温度域が出現する温度範囲は、炭素鋼表面の溶存酸素濃度にも依存するので、炭素鋼の表面に滞留水域があると、その内外の表面の酸素濃度の格差の影響を受けて、同じ温度でも滞留水域の内外でアノード溶出速さに格差が発生する。この格差が局部腐食を引き起こす

従ってFACの発生を避けるには、この遷移温度域では滞留水域や、温度の格差が発生しないようにする。

なお、配管系の寿命を決めるのは減肉速度 [mm/y] であるので、同じアノード溶出速さ[mol/h]であってもアノード面積が小さいほど寿命は短くなる。

局部腐食について

金属原子と酸素の電気化学反応（腐食反応）によって酸素が連続的に消費されるとき、この金属表面上の酸素濃度は、表面を覆う拡散層の厚さに依存する。そして、この酸素濃度は、そこに発生する酸化生成物の組成に影響を及ぼす。さらに、酸化生成物の組成は、金属表面からのイオンの脱離速さ（アノード溶出速さ）に影響する。

結局、拡散層の厚さに格差があると、アノード溶出速さに格差が生じ、この格差がマクロセル、すなわち局部腐食を発生させる。

設問の解答

設問 1.1 の解答

　溶存酸素濃度、金属イオン濃度、pH 等は、酸素や金属の酸化還元平衡電位や腐食生成物（酸化物）の物性を通して腐食プロセスに関与する。土壌中ではこれらの因子の分布が水中に比べて偏り易く格差が生じる。そのため、局部腐食（マクロセル腐食）が発生しやすい。

設問 1.2 の解答

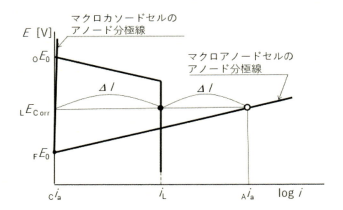

付図 1 　$_Ai_a = 2i_L$ の状態におけるエバンスダイアグラム

　上図において、マクロカソードセルのアノード分極線は不動態のそれである。一方、マクロアノードセルのそれは活性態である。従って、このエバンスダイアグラムは、ステンレス鋼の応力腐食割れ、あるいは孔食の発生機構を表す。ただし、この図だけでは鋭い割れが急速に進展するステンレス鋼の応力割れを説明す

ることは出来ない。
設問2の解答
　これらの溝の幅は、水酸化物イオンの拡散距離によって決まる。従って、同温であれば発生する溝の幅はこれら3種の局部腐食に共通であるはずである。また、それらの温度依存性も同じはずである。

設問3.1の解答
　順流の隙間噴流におけるノズル直下の試験液の流動状態は、ノズル直下に逆流と同様に固定渦が存在し、その下流では流れの断面積の拡大に伴う流速の急な減速があり、そこに流れの剥離と、それに伴う境界層の厚さの増大が発生している。

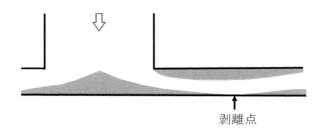

付図2　順流の隙間噴流におけるノズル直下の試験液の流動状態

設問3.2の解答
　青銅類に含まれている錫が、銅の酸化反応の触媒として作用したため、常温であっても全面均一腐食が発生した（第6章第1節参照）。

設問4の解答
　FACは局部腐食であり、局部腐食は諸条件の格差によって発生する。従って、FACを完全に防止するには、管壁表面の温度の格差や溶存酸素濃度の格差を排除しなくてはならない。ところが、

pHが、金属表面の場所によって異なることはない。従ってpHはFACの発生原因になり得ないし、また、pHを調整してもFACを防止することは出来ない。

設問5の解答
　地下タンクの長さはパイプラインの長さに比べて短いので、その両端で発生する平衡電位の格差も小さい。そのため、局部腐食は発生しない。

設問6の解答
　例えば、合金成分の錫を触媒とする青銅の全面均一腐食、高温における炭素鋼の不動態化。

索 引

英数
FAC 60, 62, 77, 78, 107
pH 64, 65, 78, 79

あ行
アノードセル面積 11
アノード電流 11
アノード分極線 12, 13
アノード溶出速さ 19, 72
イオン 5
異種金属接触腐食 24, 34
エバンスダイアグラム 7, 8, 9
エロージョン 41
エロージョン-コロージョン
　　　　　　　　　　40, 109
黄銅 40, 46

か行
化学ポテンシャル 6
可逆反応 6
格差排除防食法 103
ガス定数 6
活性態 72
カソード電流 11
カソードセル面積 21
カソード分極線 12, 13
ガルバニック腐食 24
還元反応 5
犠牲陽極防食法 24
キルヒホッフの法則 99
境界層 52
局部腐食 5

クーポン試験 44
クーロン力 86
減肉速度 19, 22
交換電流 7
コロージョン 41

さ行
酸化反応 5
酸化還元可逆反応 8
酸素塊 11
酸素拡散限界電流 12
酸素濃淡電池腐食 29
質量減少速さ 19
知らせ穴 108
自由エネルギ 5
自由電子 5
衝撃腐食 42, 43
照合電極 88, 92
水酸化物イオン 17
吸い込み口腐食 42, 43
すき間腐食 24, 36
隙間噴流試験 45
水線腐食 24
静電気力線 87, 96
静電ポテンシャル 87, 96
青銅 40, 46
遷移温度 73
遷移温度域 73, 107, 119
全面均一腐食 5, 10, 104

た行
体積損失速さ 19

耐脱亜鉛黄銅　46
滞留水域　68, 71, 76, 77
炭素鋼　60, 72, 109
鉄金属　7
デポジット アタック　42, 43
電位　5
電位-pH 図　78
電気化学反応　5, 82
電気伝導率　84
電気的ポテンシャル　5
電食　82, 98
電場　84, 86
銅合金　40

な行

流れ加速型腐食　60
熱力学第一法則　10, 99
熱力学第二法則　105
ネルンストの式　6, 86

は行

パイプライン　90, 112
剥離　49, 71
馬蹄形腐食　42, 43
バナナ渦　43, 44
反応性電流　7
標準状態　6
標準平衡電位　6, 86
ファラデー定数　6, 7, 11
腐食電位　9
腐食電流　9
腐食溝　30, 35
不働態　72
プルベイ図　78
分極線　6, 8

平衡電位　6, 84, 88
方向性電流　15
保存則　10, 14, 18, 99
ポテンショメータ　89, 90

ま行

マクロアノード　50, 75, 118
マクロアノードセル　14
マクロカソード　50
マクロカソードセル　14
マクロセル電流　14, 98, 104
マクロセル腐食　100
ミクロセル　11
ミクロセルモデル　12
面積比効果　21, 33, 57, 112
漏れ電流　82, 98

や行

誘電率　87
溶存酸素濃度　52, 69

ら行

乱流腐食　42, 43
流電陽極防食法　24

松村昌信（まつむらまさのぶ）

広島大学名誉教授、腐食防食学会名誉会員
1962年に広島大学工学部応用化学科卒業、1967年、東京工業大学大学院理工学研究科博士課程修了(工学博士)。1967年より広島大学工学部講師(化学工学科)、1969年より広島大学工学部助教授（化学工学科）。1971年〜1973年にアレキザンダーフォンフンボルト奨学生（ハノーバー大学）。1982年より広島大学工学部教授（化学工学科)、1996年より広島大学工学部長。2003年に広島大学を定年退職。
これまでに、腐食防食協会進歩賞、同論文賞、同協会賞、同岡本剛記念講演賞などを受賞。
著書:「エロージョン・コロージョン入門」（共著、日本工業出版)、「さび」（共著、秀和システム)。

局部腐食　原因と対策

2024年9月1日　第1刷発行

著　者　　松村昌信
発行人　　大杉　剛
発行所　　株式会社 風詠社
　　　　　〒553-0001 大阪市福島区海老江5-2-2 大拓ビル5-7階
　　　　　TEL 06 (6136) 8657　https://fueisha.com/
発売元　　株式会社 星雲社（共同出版社・流通責任出版社）
　　　　　〒112-0005 東京都文京区水道1-3-30
　　　　　TEL 03 (3868) 3275
装　幀　　2DAY
印刷・製本　小野高速印刷株式会社

©Masanobu Matsumura 2024, Printed in Japan.
ISBN978-4-434-34460-2 C3053
乱丁・落丁本は風詠社宛にお送りください。お取り替えいたします。